元素
文明と文化の支柱

Philip Ball 著
渡辺 正 訳

SCIENCE PALETTE

丸善出版

The Elements

A Very Short Introduction

by

Philip Ball

"The Elements: A Very Short Introduction" was originally published in English in 2002. This translation is published by arrangement with Oxford University Press.

本書は Oxford University Press の正式翻訳許可を得たものである.

Printed in Japan

まえがき

私は今年、『見えないものの物語（*Stories of the Invisible*）』という分子の本を出しました。その姉妹編にと元素の本を頼まれたとき、やや戸惑ったのを思い出します。というのも前著では、元素の周期表を重くみなかったのです。分子の理解にはわずかな元素を知ればよく、周期表をもち出すまでもないと思う人間なので。ピアノの先生は、全部の鍵盤を弾かせたりしません。わずかな鍵盤でいろんな曲が弾けると教えますね。音楽は（音ではなく）旋律やリズムや和音の世界だから。それと似て化学は、元素ではなく分子や化合物の世界なのです。

そうはいっても私を含め、化学に心を寄せる人なら、元素は折々に意識します。神経科医・作家のオリバー・サックス（1933〜）も子どものころ、みんなは切手やコインを集めるのに、元素の収集に熱中しました。環境汚染など気にしない1940年ごろだから、むずかしくありません。お小遣いを手に、ロンドンの北フィンチリー市の試薬会社に行ってナトリウムを買い、自宅のそばのハイゲート池に投げ込んでミニ爆発をやっています。せいぜい学校の実験室から硫黄や水銀をくすねただけの私には、じつにうらやましい時代でした。

私自身も、宝石や珍しいお菓子のような元素（単体）に触れ、匂いをかいでみたかったのです（なめるのはさすがに控えましたが）。もはや成分に分かれない単体に触れるたび、心が躍りました。万物の素材が手のひらに乗っているわけなので。

そんな人間ですから、元素の本を書くという誘惑には勝てません。ただし、もう構想の段階で決めました。周期表をなぞるだけの本にはしない。元素それぞれの紹介は、ほかの人たちが、私などよりずっと手際よくやっていますから。


元素の物語とは、周期表のはるか前から続いてきた人間と物質世界との交流です。ケイ素やリンやモリブデンのことを知っても、物質世界がわかったことにはなりません。銀のずっしりとした質感、水の冷たさ甘さ、磨いたヒスイのなめらかな肌触りが、物質の素顔というものです。世界は何からできているのか？——それが根元の問いでした。

だから本書で扱う「元素」は、周期表に載っていない水や空気、フロギストンなども含みます。まだ元素に分かれる水や空気も、元素ではないとわかったフロギストンも、遠い祖先から受け継いだ文化の素材なのですから。

貴重な意見や助言をくれたアルバート・ギオルソ（117ページ参照）、ダーリーン・ホフマン、スコット・レーマン、イエンス・ネルスコフ、ジム・ホワイトと、編集・制作作業をみごとに進めてくださったシェリー・コックスに深謝します。

フィリップ・ボール

2002年3月・ロンドンにて

目次

第1章
アリストテレスの4元素

1624年、フランスの化学者エチエンヌ・ド・クラーヴが、異端のかどで当局に逮捕されました。聖書の解釈でも、政治的見解でもありません。同時代人のガリレオ（1564〜1642）のように、天動説を疑ったわけでもありません。

元素の異端者　彼は「元素の異端者」でした。万物は2元素（水・土）と3本質（水銀・硫黄・塩）からできる、と言ったのです。じつのところそれは彼の独創でもなく、同じことを1610年にフランスの薬剤師ジャン・ベガン（1550〜1620）が本に書き、死ぬまでそう言い続けていました。でもベガンは1620年に亡くなったため、当局はクラーヴに目をつけたのです。

なにしろ、かのアリストテレス（紀元前384〜322）が認めた元素説に合わないから異端でした。その説は、まず紀元前5世紀のアテネ黄金時代を生きたエンペドクレス（紀元前490〜430ごろ）が唱え、プラトン（紀元前427〜347）を経てアリストテレスが継いだもの。万物は土・水・空気・火の4元素からできる、という考えでした。

西洋の文化は、西ローマ滅亡（467年）の余波で混乱した暗黒時代（5〜9世紀）のあと、中世に復活します。拠り所にした古代哲学がキリスト教の教義と合体し、アリストテレスの否定は神への冒瀆《ぼうとく》になりました。西洋社会が自然界のことを自力で考えるようになったのは、ガリレオやニュートン、デカルトを経た17世紀後半のこと。

少し前の1624年夏、貴族フランソワ・ド・スーシーの屋敷で「反アリストテレス元素説」を論じあったため、首謀者のクラーヴほか数名が逮捕されたのです。

むろん科学の話でもありません。当局は、真実などはどうでもよく、体制維持のために弾圧しました。9年後の1633年に有罪判決を受けるガリレオの異端審問も似ています。

古代ギリシャ人は、元素のことを気楽に論じあいました。アリストテレス以前にもさまざまな考えが出ています。スイスのコンラート・ゲスナー（1516〜65）によれば、タレス（紀元前620〜555ごろ）からエンペドクレスの期間に、少なくとも八つの元素説が提唱されました。そんな事実も掘り起こされ、アリストテレスの4元素ではすまなくなって、万物の根源をめぐる問いが復活していきます。

周期表こそすべて?

世界は何からできているのか? いまなら、「周期表に並ぶ元素たち」と答えればすみますね。むろん古代ギリシャの4種でもなく、クラーヴの5種でもなく、90種ほどの元素です。でも、ほんとうにそれでいいのでしょうか?

世界は何からできているのか? 化学のエッセンスかとみえる周期表は、その問いに「正しく」答えるものとはいえません。さしあたり、同じ元素の変種=同位体は無視します。原子の成分(陽子や中性子)も忘れます。ふつうの人が名前も外見も、まして性質などまったく知らない元素がたくさんあることも、問題にしません。また、原子からできる分子の性質が、成分元素とはまるでちがうことも忘れましょう。

そんな細部を削ったエッセンスが周期表だとしても、万事の基礎は周期表だ……古代ギリシャから18世紀後半までの万人が誤っていた……と思うのはまちがっています。私たちは日ごろ、物質世界というものを、周期表をもとに考えているわけではないのです。

世界は何からできているのか? 環境や健康にあぶない元素だけ考える人がいます。ガソリンに入れた鉛が南極で見つかり、水銀が南米の魚に見つかる。岩盤から出るラドンが住人の健康にさわり、天然のヒ素がバングラデシュの井戸を汚す。骨が丈夫になるようカルシウム食品をとり、鉄のサプリで貧血を防ぐ……そんな面で話題になる元素は、「いいもの」か「悪いもの」。つまり私たちは、周期表の元素を公平にみたりはしないのです。

生物が使う元素も、周期表上の全部ではありません。数十万種の生体分子は、大半が炭素・窒素・酸素・水素からできる。その4種に続くのが、骨やDNA分子をつくるリンと、タンパク質をつくる硫黄です（以上6元素で体重の99％）。そのほかに金属として、酸素を運ぶヘモグロビン分子の鉄や、光合成を進めるクロロフィル分子のマグネシウム、神経の信号を伝えるナトリウムやカリウムがあります。生命の元素は、主要成分が11種で、微量成分が約15種だけ。ちなみに、多ければ毒になるヒ素や臭素も生命に必須ですから、元素は善玉・悪玉に分けるようなものでもありません。

また元素は、地球上にかたよって存在します。それが交易や開発を促し、文化交流を進めた半面、資源の搾取《さくしゅ》や戦争や支配も生みました。南アフリカは、地下に金と炭素＝ダイヤモンドが眠るせいで、大きな代償を払ったのですね。産業に欠かせない希少元素のタンタルやウランは、危険な作業により（危険だからこそ）貧しい国で採掘が続きます。

天然の安定元素は20世紀の中期までにすべて見つかり、当時の原爆・水爆実験が放射性元素をばらまきました。ただし、放射性元素が陸上や海、大気に拡散するようすがわかったのは、高度な化学分析法ができた20世紀後半のことです。

元素感覚　また、私たちの元素感覚を決めるのは、量や濃度より、世間の噂や「常識」です。ボトル水に書いてあるナトリウムやカリウムの量を見て、飲むのはH_2Oだけではないとわかっても、「カリウム0・01mg」が多いのか少ないのかわかる人は少ないはず。

噂や常識の力は絶大です。洗剤の増白剤に使うアルミニウム（アルミ）は（そうとは知らずに）受け入れながら、アルミのポットや鍋を怖がる人がいます。銅の化合物は毒なのに、銅のブレスレットは関節炎に効くと思う。ときに生態系を壊すセレンのサプリを、強精剤だと信じこむ……などなど。同じ元素に、同じ目を向けるわけでもないのですね。

いまや誤用の元素名　日常語となった元素名にも、原語と切れたものがあります。ローマ期の *plumbum*（鉛）にちなむ英語 plumbing（配管）も、いまや鉛ではなくポリ塩化ビニル（塩ビ）のパイプ。絵の具のカドミウムレッドも、もうカドミウムは含まない。スズ缶も、ごく薄いスズを内張りしただけ（大量に使うとコスト高だから）。米国のニッケル貨（5セント）が含むニッケルは25％ほど（75％は銅）。もともと「銀」だったフランス語の *argent*（お金）も、硬貨を銀でつくっていた時代の名残にすぎません。

そんなふうに、私たちが感じる元素の世界は、周期表の世界とはまるでちがいます。人間が元素をどうみるかは、そのときの文化状況で決まる、といえましょうか。「科学は必然の道をたどった。物質の知識を集約したものが周期表だ」と思ってしまうと、物質世界のありさまも、人間の心と物質世界の交流も、ほんとうにわかりはしないのです。

元素と原子

ギリシャ時代には、元素のほか「原子」を考えた人もいます。でも元素と原子は別々の発想でした。４元素説のプラトン（アリストテレスの師）は、原子を受け入れていません。また、原子を考えた人たちも、少数の元素が万物をつくるとみたわけではありません。

万物の根源　まずはミレトスのタレスが、万物の根源＝原質を水とみます。その発想は、神が海から天地を創造したという各地の神話に通じるでしょう。ただしタレスが開いたミレトス学派は、原質を何とみるかがあいまいでした。タレスの弟子アナクシマンドロス（紀元前６１１〜５４７ごろ）は解答を逃げ、原質をアペイロン（知りようがないもの）としています。アナクシメネス（紀元前５００ごろ没）は空気、ヘラクレイトス（紀元前５４０〜４８０ごろ）は火を原質とみました。

彼らはなぜ原質や元素を追い求めたのでしょう？　岩は岩、木は木だと、あるいは金属や肉、骨、草……だと、そのまま受け入れてもいいはずなのに。

彼らは統一を求めたのだと思います。複雑きわまりない世界を、単純なものに還元したい。ギリシャ哲学が統一を求めた理由は、たぶんこうでしょう。万物はたえず変わる。水は凍り、沸騰する。木は燃えると灰になる。金属は融け、食物は胃の中で消えてしまう。……すると、姿は変わっても本質は不変なのでは？　いま宇宙の「統一理論」を求める物理学者と同じく、古代の人びとも、身近で起こるいろいろなことの根源をつかみたかったのです。

自然界の変化は「熱－冷」、「乾－湿」という対立する性質の働きあいで起こる、とアナクシマンドロスは考えました。4元素の祖エンペドクレスは、元素たちが作用しあいながら変身し、「愛と憎しみ」を仲立ちに万物を生む、とみたようです。物質どうしは、愛が強いと混ざりあい、憎しみが強ければ分かれあう。それが万物の盛衰につながり、同じことは人生や文化にも当てはまる、とエンペドクレスは言っています。


なぜ4元素？　エンペドクレスの4元素は、原質そのものというよりは、原質の「表れ」でした。後年のアリストテレスは、究極の原質はただ1個だが、それが何かを知る手段はないため、1個の原質をだけ考えても物質世界はつかめないと考えます。だから彼にとってエンペドクレスの4元素は、「知りようのない原質」と現実世界の橋架けでした。万物の根源を、誰でもわかる4元素に還元したからこそ、2000年間も世に浸透したのでしょう。

アナクシマンドロスと同様アリストテレスも、熱・冷・湿・乾という四つの性質が、元素を変えるカギとみました。どの元素も二つの性質をもち、性質が反転すると元素が変わる。たとえば湿↓乾の変化で、水（湿・冷）が土（乾・冷）になる、というように（図1）。

かつて英国紳士の社交クラブでは、科学のことを自由に語りあい、発言者をほめたり批判したりしながらも、実験に手を汚すことはありませんでした。元素や原子を論じあったギリシャ

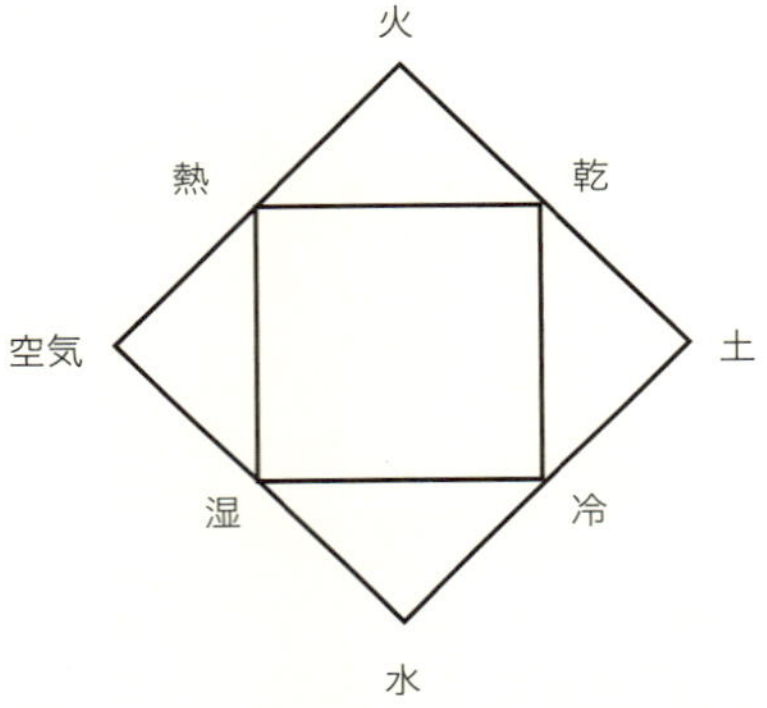

図１　アリストテレスの４元素．性質の変化が元素を変える．

の哲学者たちにも、ほぼ同じイメージが当てはまります。

４元素の原子？　ミレトスのレウキッポス（紀元前5世紀ごろ）は、原子を初めて考えた人だといわれます。同じ素材でも物質ごとに原子の形はちがう、と主張しました。彼の弟子デモクリトス（紀元前４６０〜３７０ごろ）が、原子を *atomos*（分割できないもの）と名づけます。それまでの元素説に合わせるため、元素それぞれの原子は、性質にふさわしい形をもつと考えました。火の原子は、ほか3元素の原子とは混じりあわない。けれど3元素の原子は混じりあい、目に見える多様な物質世界をつくるのです。

原子論者と反対者のちがいには、原子があるかどうかより、原子どうしのすき間をどうみるかの差もありました。「原子は真空中を動く」がデモクリトスで、「すき間はない」が反対者。ペリクレスやエウリピデスの師アナクサゴラス（紀元前500～428ごろ）は、原子は無限に小さく、物質はどこまでも分割できると主張します。アリストテレスも、原子どうしのすき間は空気が埋め尽くすとみました（その空気が原子の集まりなら？……と問われたら、アリストテレスも絶句した？）。

論争を決着させるのだと、幾何学者のプラトンが4元素の粒子を考えます。空間を埋め尽くす多面体＝プラトン立体が基本粒子にちがいない。土は立方体、水は正二十面体、空気は正八面体、火は正四面体だろう。どのプラトン立体も、面は正三角形か正方形です。そういう単純な図形の組合せが変わるとき、元素が別の元素に変わるのだ……。

やがて五つ目のプラトン立体（正十二面体）が見つかりました。正十二面体をつくる正五角形は、正三角形や正方形に比べると特殊な形です。だからプラトンは正十二面体を「天上の元素」とみて、それを弟子のアリストテレスが「エーテル」と命名。天上のエーテルは、地上の物質の成分にならない、という彼の説明には説得力がありました。

西洋文化と4元素

4元素は西洋文化に深く浸透しました。シェイクスピア（1564～1616）の名作中でリア王は、豪雨（暴れる水）と暴風（荒れ狂う空気）、大木を裂く電光（火）、つまり「凶暴な元素たち」のなかで狂気を帯び始めます。また『ソネット（一四行詩）』では、隣りあう二つの詩を、「重い二元素、土と水……」、「別の二元素、軽い空気と清めの火」という対句で飾りました。T・S・エリオット（1888〜1965）の『四つの四重奏曲』も、古代の4元素にとらわれた題名でしょう。

4原色と4方位

ギリシャの哲学者は、4元素を「4原色」にも結びつけます。エンペドクレスは、画家のパレットに乗る黒・白・赤・黄色を4原色とみました。2世紀の占星術師アンティオコスは、その4原色を土・水・空気・火に当てはめています。

4元素―4原色の連想は以後も長らく続きます。ルネサンス期の画家レオン・アルベルティ（1404〜72）は灰色を土に、緑を水に、青を空気に、赤を火に使いました。レオナルド・ダヴィンチ（1452〜1519）の土は黄色でしたが、ともかくそんな連想が、画家たちの色づかいを大きく左右したようです。

基本成分を四つとみるやりかたは、ほかの分野にも浸透します。私たちにはあたりまえでも、方位の東西南北がそうでした（古代中国は木火土金水《もっかどこんすい》の5元素で、方位は十二支からの12方位。ちなみに日本も江戸期までは12方位）。古代医学の「4気質」も同様で、ギリシャの医師ガレノス（130〜201ごろ）は、四つの因子（赤い血、白い痰《たん》、黒い胆汁と黄色い胆汁）のバランスがくずれて病気になると説きました。

森羅万象《しんらばんしょう》を「4」で解釈した古代〜中世の人びとは少々「やりすぎ」にみえるとはいえ、アリストテレスの4元素には、人類の体験に深く根ざした何かがあるのです。カナダの文芸評論家ノースロップ・フライ（1912〜91）もこう書きました。「4元素はいまの化学にいっさい役立たない。だが……想念の世界で土・水・空気・火はいまなお立派な元素だし、今後ともそうだろう[1]」

フランスの哲学者ガストン・バシュラール（1884〜1962）も、4元素が神話や詩の世界を染め上げた事実を受けとめるべきだと説きました。

さまざまな想念を土・水・空気・火に結びつける「4元素の原理」があったと思う。……物質を生む元素は、それぞれ固有の空想世界や詩歌も生んだ。とりわけ古代の哲学は、4元素を世界の秩序づけに使い、哲学的気風の支えにもしたとおぼしい[2]。

バシュラールは、「元素環境」が個々人の気質も決めると言っています。

個人の住む空間は、地球全体よりずっと狭い。地盤が土か花崗岩か、風が強いか乾いているか、湿っているか光が多いか……などが個人の「元素環境」になる。そういうかぎられた環境の中で私たちは現実世界と折りあいをつけ、世界の本質に迫るのだ。たとえば元素としての

水。私の場合は、水辺にたたずんで空想の翼を広げ、澄みきった緑の水が草原を緑に変えるさまを思い浮かべる。(3)

単一元素（原質）説や5元素説に比べて過大評価されがちでも、エンペドクレス―アリストテレスの4元素説は、五感になじむからこそ、２０００年間も受け入れられたのです。

4元素の本質　古代の4元素は、いま私たちが考える「元素」そのものというより、物質の「状態」でしょう。「土」は、土壌や岩など固体の全部をさしました。「水」は液体の代表で、「空気」は気体の代表です。「火」は不可思議な状態といえましょうか。火の正体は、高エネルギーの分子やイオンが熱と光の形で出すエネルギー。そのエネルギー（ことに熱）は物質の「状態変化」を促すため、「三態」と合わせて「4元素」を考えた……と私には思えます。

古代人は世界をそんなふうにみました。元素とは、目の前の物質というより、物質のありようです。プラトンの「水」も、流れる水のことではありません。川の水は「水という元素」のひとつにすぎず、融けた鉛も「水」でした。流れるものの全部が、元素としての水。同様に「土」は、地面の土壌だけでなく、肉も木も金属も、固体だから「土」だったのです。

プラトンは、「原子」の形に共通点があり、互いに変わりあう4元素を考えました。アナクサゴラスは万物を4元素の混合体とみて、物質が変わるときは、元素のどれかが増減すると考えます。そのように、「どんなものも4元素の混合体」とみるのが、古代の元素観でした。純粋なものを元素（単体）とみる現代とは、そこがまったくちがうのですね。

錬金術と元素観

アリストテレスの4元素説は、17世紀まで2000年も生き延びます。かたやエピキュロス（紀元前341〜270）が唱え、紀元前56年にローマの詩人ルクレティウス（紀元前94〜55ごろ）が『物の本質について』（樋口勝彦訳、岩波文庫）で絶賛した「原子説」は衰えていき、中世になってキリスト教狂信者の弾圧を受けました。幸い彼の著作は破棄を逃れて、17世紀にフランスの科学者ピエール・ガッサンディ（1592〜1655）が再評価します。ルクレティウスと同じく「動く原子」に注目するガッサンディの世界観は、アリストテレスの権威を疑う動きの芽生えでした。

とはいえ、誰もがアリストテレスに挑戦したわけではありません。ガッサンディと同時代の進歩的な思想家マラン・メルセンヌ（1588〜1648）は、本章の冒頭に紹介したクラーヴの逮捕を当然とみて、「錬金術の考え」を広める無法者だと非難します。でもじつのところ、その錬金術は、元素のことを掘り下げる意義深い営みでした。

金属と「元素」

私たちは、金や銀、鉄、銅、鉛、スズ、水銀などの金属を、それぞれ別の元素とみます。純粋な形で手に入る金属を古代人が元素とみなかったのは、なんとも妙な話ですね。金属を手に入れる冶金《やきん》は最古の技術なのに、ルネサンス期の末までは、元素の話にさほど貢献していません。金属は、液体の水銀を除き、みな「土」という元素だったのです。

冶金を支える錬金術が、状況を少しずつ変えていきます。金づくりをめざす錬金術は、古い元素観と新しい元素観に橋を架けたといえましょう。

原質がただ1個なら、さまざまな物質がある事実は納得できません。アリストテレスの4元素説も、まるでちがう鉛と金を区別しないのですから、似たようなものでした。金属の説明には、考えをもっと深める必要があったのです。

人類が知っていた最古の金属は、天然に単体が出る金と銅。アルメニア（黒海〜カスピ海間）やアナトリア（現トルコ）には、紀元前5000年より古い金の採鉱・利用の跡が残ります。銅もアジアでは同じほど古い金属です。ただし銅はたいてい、炭酸銅（たとえば孔雀石）などの化合物になっていて、鉱石は顔料や釉薬《ゆうやく》に使われました。中東で紀元前4300年ごろ始まる銅の精錬は、飾り石の着色加工中にたまたま見つかったようです。青銅（スズ・銅合金）の製造も、ほぼ同じころに始まっています。

方鉛鉱《ほうえんこう》という鉱石を使う鉛の精錬は紀元前3500年ごろに始まり、ほぼ1000年後に普及しました。スズの精錬は紀元前1800〜1600年ごろのペルシャ、鉄の精錬は紀元前

表1　天体・曜日と対応づけられた7金属．

金　属	天　体	曜　日
金	太陽（Sun）	日曜（Sunday）
銀	月（Moon）	月曜（Monday）
鉄	火星（Mars）	火曜（Tuesday．仏 Mardi）
水　銀	水星（Mercury）	水曜（Wednesday．仏 Mercredi）
ス　ズ	木星（Jupiter）	木曜（Thursday．仏 Jeudi）
銅	金星（Venus）	金曜（Friday．仏 Vendredi）
鉛	土星（Saturn）	土曜（Saturday）

1400年ごろのアナトリアが初。こうした順序は、金属の分けとりにくさを反映します。鉄鉱石中で酸素と強く結びついている鉄をとり出すには、高温と木炭が欠かせなかったのです。

錬金術の発想　金属の種類が増えてくると、何かの基準で分類したくなりますね。まず七つの金属が、天体や曜日に対応づけられました（表1）。どの金属も輝きや質感、展延性《てんえんせい》が共通なので、それぞれを種類ではなく「質の差」とみるのが自然でした。だから、地下の深いところで金属が卑しい鉛から「成熟」して金になる、という考えが芽生えたのです。

卑金属が成熟して金になる——それが錬金術の発想でした。地下深くで成熟するなら、成熟を人の手で速め、卑金属を金に変えられるはず。では、どうすれば？

卑金属を金に変えたい人は、青銅器時代からいたでしょう。けれど8世紀に、場当たり的でもなくなります。アラビアの錬金術師ジャービル・イブン・ハイヤーン（721～815）の硫黄・水銀理論がガイドになったのです。たぶん「ジャービル」は、個人名ではなく学派の名でした。とうてい書けるはずもない膨大な本が彼の作だと伝わるし、実在の人物でないとみる人もいます。ジャービル派は、アリストテレスの4元素を大筋で受け入れながらも、こと金属については、4元素と現実世界の橋架けを試みました。

ジャービル派は、アリストテレスの「熱・冷・乾・湿」を、金属の「基本的性質」とみます。しかし目に見える金属そのものは、硫黄・水銀という二つの「本質」からできる。つまり、どの金属も硫黄と水銀の混合物だ。そして、卑金属は不純な混合物、銀と金は純度の高い混合物、最高純度の硫黄・水銀混合物は（金ではなく）「賢者の石」というものです。ほんのわずかな賢者の石を作用させるだけで卑金属が金に変わる、という理論でした。

ジャービル派の硫黄・水銀は、実験室にある硫黄・水銀ではありません（現実の硫黄と水銀は、錬金術師もよく知っていました）。硫黄と水銀は古代の4元素に似たもので、その理想形がさまざまな比率で自然界の物質中に含まれる、と考えたのです。

ジャービル派は、古代の4元素を受け入れながらも包み隠した、といえましょう。アリストテレスが、もっと古い時代の「原質」を（気にしながらも）無視したのに似ています。つまり8世紀は、アリストテレスを評価しながらも、目の前にある金属の素性をつかもうとする動きの芽生え期でした。

4元素からの脱皮

古代と決別する次の一歩は、硫黄・水銀のほか「塩《しお》」も考えることでした。硫黄と水銀は金属の成分、塩は生命の成分とみたのです。こうして錬金術は冶金の領域を超え、自然界全体を相手にすることとなります。塩の追加は、スイスの錬金術師パラケルスス（１４９３～１５４１）の発案で、彼は「4元素の性質をもつ硫黄・塩・水銀（３本質）が万物を生む」と唱えました。

するとパラケルススの3本質は、古代の4元素とはちがい、具体的な物質をつくるものだといえましょう。17世紀も末になると、アリストテレスからずいぶん離れ、「本質」も本来の元素とみるようになりました。つごう五つの元素・本質（水銀・硫黄・塩・痰《たん》・土）を考えたベガン（1ページ）も、五つはどれひとつ純粋ではなく、「すべてを少しずつ含む」とみています。

ドイツの錬金術師ヨハン・ベッヒャー（１６３５～１６８２ごろ）は、土・水・空気を元素とみながらも、それぞれは地位がちがうと考えました。不活性な空気は元素変換に関係ない。天然の固体に差があるのは、土の種類がちがうからだ。流動性の土（*terra fluida*）つまり「流れる元素」は、金属を光らせ、重くする。生物が含む油性の土（*terra pinguis*）はものを燃えやすくし、ガラス質の土（*terra lapidea*）は物質を固体にする。以上の「土」三つは、それぞれ「仮装した水銀・硫黄・塩」だといえましょう。そんな考察から、化学が少しずつ形をなしていきました。

懐疑的な化学者

元素の考えかたを深めたのは、実験と観察です。もはや、古代の4元素だけで物質世界はつかめない。17世紀の化学者たちは、具体的な物質の理解に向かい始めました。

ボイル登場　錬金術は実験が命です。賢者の石を求めて物質を燃やし、蒸留し、融かし、凝縮させるなかで、リンや硝酸など、重要な物質がいくつも見つかりました。かたや、元素変換などは諦め、目の前にある物質を理解しようとした人びともいます。そんな人びと（当時のスペルで **chymists**）は、もはや錬金術師でもなく、まだ本物の化学者でもありません。両方の性格をもつ人たちです。そのひとりがロバート・ボイル（1627〜91）でした。

アイルランド貴族の息子としてイートン校に学んだボイルは、17世紀中期の英国で科学界の中枢にいました。アイザック・ニュートン（1642〜1726）とは親友でもないにせよ交流があり（威張り散らすニュートンに親友はいなかったはず）、王立協会の創立（1661年）にも尽力します。同時代人たちと同じく錬金術に心を寄せながらも、世の常識に流されず深く考える人でした。

1661年の著書『懐疑的な化学者（*The Sceptical Chymist*）』は、ふつう錬金術の批判書といわれます。しかし実際は、学識ある錬金術の「達人」＝自分と、やみくもに金を求める「能なし連中」を区別する本でした。どれも実験事実に合わない……とほぼ全部の「インチキ元素学派」を斬るのが、同書の目的だったといえましょう。
伝統の4元素説だと、どの物質も4元素を含むことになります。だが実験してみると、バルカン（炉の熱）をいくら加えようとも、元素に分かれない物質があるのです。

たとえば金からは4元素のどれも抽出できない。銀も滑石も、ほかあれこれも、バルカンを加えただけでは4元素には分かれないのだ。(4)

元素の存在は、理論ではなく実験で確かめよう。「4元素の論者は屁理屈ばかりだ……当面、元素の個数をまともな手段で確かめた人はいない」。そんなボイルは、「元素」を次のように定義します。いまの基準からみても、異論が出るようなものではありませんね。

根源的かつ単純で、完全に純粋なもの。ほかのものからはつくれないもの。元素あれこれから「完全な混合体」ができる。(5)

しかし続けてボイルは、そんなもの（元素）が存在するのか、と疑問を投げながらも、「何が元素か？」を提案できていません。

夜明け前　要するに17世紀末の科学者は、何が元素なのかを突き止めるには至りませんでした。ほぼ100年後、英国の化学者ジョン・ドルトン（1766～1844）が、いまにほぼ通じる原子説を展開し、不完全だし誤りもあるものの、周期表の先がけともいえる元素の表を発表します。わずか１００年で理解が大きく進んだ理由は何なのでしょう?

ひとつは、ボイルを元祖とする「実験重視」の姿勢です。もうひとつが、古代の元素観から脱皮しようとする風潮。いま私たちは、周期表に並ぶ元素（単体）のほとんどを体感できません。けれど古代人にとって元素は、身近なものを表す何かでした。身近にないものは、考えるまでもない（天上の元素エーテルも、天を仰ぎ見れば想像できます）。しかし実験してみると、本質は変えずに状態（固体・液体・気体）だけ変えるものがある。たとえば氷は、「土になった水」ではなく「凍った水」なのだ……そんな事実を科学者がつかむにつれ、混乱も少しずつ消えていきます。

つまり18世紀の後半まで、元素はまだおぼろげなものでした。元素は１００種類ほどあるが１０００種類もない――とわかるのは20世紀のこと。何が元素かは、身近を眺めてもわかりません。高級な道具や装置を使い、細心の調べをしてわかったのです。

そういうわけですから、ふつうに暮らす人びとが、自然界を眺めるときや、自然界が自分に及ぼす作用を思うとき、アリストテレスと同じく土・水・空気・火を「元素」とみても、いっこうに差し支えないといえましょう。

第2章
化学革命と命の元素——酸素

物理学の父がニュートン（第1章）、生物学の父がチャールズ・ダーウィン（1809〜82）なら、化学の父はアントワーヌ・ラヴォアジエ（1743〜94）です。事実のゴタ混ぜだった化学を、まっとうな自然科学に整え始めたのが彼でした。

なにごとにも時期があります。ニュートンの仕事は、啓蒙主義（自然界の理解と社会改革をめざす合理主義）に向かう動きの先ぶれでした。ダーウィンの進化論は、ゆるぎないとみえた科学と文化がモダニズムの洗礼を受ける19世紀に根づき始めます。美術・音楽・文芸のしきたりが、いっせいに変わろうとする時期でした。

悲劇の化学者　ラヴォアジエは？ 彼はロベスピエール（1758〜94）の恐怖政治時代に、断頭台の露と消えます。ヴォルテール（1694〜1778）や、モンテスキュー

（1689〜1755）、ニコラ・ド・コンドルセ（1743〜94）などの生んだ哲学と思想のリベラルな思潮が、フランス革命の熱情と暴虐につぶされたころでした。

時の思想家だったコンドルセと同様、ラヴォアジエも政治に巻きこまれます。英国の科学は財力と暇にまかせた紳士の営みでしたが、フランスはまったくちがい、科学研究の主役は、公職につき政治面でも目立つ国立科学アカデミー会員でした（図2）。

ラヴォアジエの哀れな最期は、徴税請負人という公職のせいでした。ルイ14世の治下、化学に強い彼は弾薬管理局長と科学アカデミーの財務主事も務め、1793年には、科学アカデミーの解体をねらう反エリート主義のジャコバン政権に激しく抵抗します。共和国政府への忠誠が疑わしい者を追放したい革命派の魔女狩り役にとって格好の（無防備な）標的だった彼は、1794年、ついにギロチンで首を斬られたのです。

酸素はラヴォアジエが見つけたのか？　論争は240年後のいまも続きます。ノーベル化学賞受賞者ロアルド・ホフマン（1937〜）と、避妊ピルの発明者カール・ジェラシ（1923〜）が書いた戯曲『オキシジェン（酸素[1]）』の主題がそれでした。劇中で架空のノーベル賞委員会は2001年、賞の発足（1901年）より前の業績に「レトロノーベル賞」を授ける決定をします。酸素が化学を刷新した。レトロ化学賞の第1号は、酸素の発見者に授けよう。

図 2　ラヴォアジエと妻マリー＝アン.

酸素の名づけ親はラヴォアジエでも、初めて純粋な酸素を得たのは誰か？　酸素が大切だと見抜いたのは誰だろう？　候補３名の誰にすべきかと「ノーベル賞委員会」が論じあうかたわら、時は１７７７年にさかのぼって当事者３名が言い争い、優先権の問題に光を当てる……という筋書きです。

けれど酸素の話で、発見の優先権はそれほど問題ではありません。酸素が近代化学を前に進め、新旧の化学を橋架けした点こそが肝心です。ボイルの“chymistry”につながった錬金術と、いま化学工場が生む驚異とを橋架けするのが酸素なのですから。元素の考えが進化するうえでも、新旧化学の出合いこそが本質でした。

「空気」の研究

ラヴォアジエは、二つの面で古代の4元素説を揺さぶりました。まずは１７８３年に実験で、水は「単純な物質ではない。つまり元素の資格はない」と見抜きます。空気も「性質が正反対の弾性流体2種からなる」と見つけ、それぞれを「毒性空気」「呼吸の空気」とよびました。古代ギリシャ人が元素とみた「水」も「空気」も、元素ではなかったのです。

第二に彼は、水の成分を水素（*hydrogène* ＝水をつくるもの）・酸素と名づけたうえ、「呼吸の空気」が元素（酸素）だと見抜きました。ギリシャ語の「酸をつくるもの」から酸素

(*oxygène*) と名づけたのは、どんな酸も酸素を含むと誤解していたからです。「毒性空気」のほうは、「生命がない」というギリシャ語から *azote*（アゾート）と名づけました。空気から分けとったその気体が、吸わせた動物を殺すからです。じつのところ毒性はなく、何もしないから生命に役立たないのですが。「毒性空気」については、「硝酸（*acide nitrique*：英 nitric acid）の成分でもあるため、*nitrogène* とよぶのも可」としました。でもラヴォアジエは *azote* を選び、フランスの学界が右にならったため、240年を経たいまもフランスでは窒素を *azote* とよぶのですね。

ラヴォアジエは、古い伝統を一掃したかったわけではありません。「時の流れに定着した用語を変えるつもりはない。……〈空気〉も、大気そのものを表すのに使い続けよう[2]」

むろん18世紀に「大気」の実体はつかめていません。酸素と窒素が約99％を占め、残りの大部分は不活性なアルゴンです（162ページ）。気象で量が変わる水蒸気（0・5〜4・0％）、約0・04％の二酸化炭素のほか、メタン、一酸化窒素、一酸化炭素、二酸化硫黄（亜硫酸ガス）、オゾンなど数多くの微量成分もあります（微量成分が測れるようになったのは20世紀の後半）。また、酸素と窒素は元素（単体）でも、ほかはほとんどが化合物です。

まぎらわしい用語

元素を意味する英語 element は、原子の種類（水の成分H・Oなど）と、同じ原子からできた物質（酸素 O_2 など）の両方をさすため、まぎらわしい用語だといえましょう。[*1] 物質の多くは、ちがう元素（第1の意味。抽象）が結合した化合物。硫黄や金は、元素（第2の意味。具体）のまま天然に産する。同じ「猫」にも、尻尾を立てて喉をゴロゴロ鳴らしネズミを追いかける動物（第1）と、居間の座布団に寝ているミケ（第2）があるのと同じですね。

空気はほぼ2元素（窒素＋酸素）からなり、水も2元素（酸素＋水素）を含むとはいえ、空気の「元素」は第1の意味、水の「元素」は第2の意味です。水は酸素の原子1個が水素の原子2個と結合したものだから、化学反応させないかぎり分かれません。かたや空気の酸素と窒素は、「ゴマ＋塩」と同じような混合物の成分なので、化学反応させなくても分かれます。まぁラヴォアジエも、容器内の空気中で何かを燃やし（つまり化学反応させて）酸素を除き、窒素を手に入れたのですが。

フロギストン＝酸素の影

じつのところラヴォアジエは、水や空気について何かを初めて見つけた人ではありません。酸素と水素から水をつくったのも、空気が混合物だと見抜いたのも別の人です。結果そのものではなく、結果の解釈が彼の大きな手柄でした。

当時はみんなが気体に興味をもった時代です。18世紀の前半に英国の聖職者スティーヴン・

ヘイルズ（1677〜1761）が、加熱試料から出た「空気」を測る「測定水槽」を発明します。どんな気体も当時は「空気」とよんでいました。ヘイルズの装置を使う実験で化学者たちは、「空気」にもいくつか種類があり、同じ「元素」といえるのかどうか疑うようになっていきます。

固定空気と毒性空気

たとえば、スコットランドの化学者ジョゼフ・ブラック（1728〜99）が調べた「固定空気」はどうでしょう。彼は1750年代、炭酸塩の加熱や酸処理で出る気体に注目します。その「空気」は固体中に「固定」されていたはず。「固定空気」は、石灰水を白濁させました。いま学校でも教わるとおり、二酸化炭素がカルシウムイオンと反応し、溶けにくい炭酸カルシウムができたのですね。ブラックは、人間の呼気も、燃焼や発酵のときに出る気体も、性質は同じだと確かめました。

ブラックの弟子ダニエル・ラザフォードが、同じ気体を「毒性空気」と名づけます。語源のラテン語 *mephitis* は、地面から湧いてペストを起こすという毒気です。吸わせた動物が死ぬからでした。いまの知識では、ラザフォードの「毒性空気」は二酸化炭素、ラヴォアジエの「毒性空気」は窒素だという点に注意しましょう。ラザフォードは1772年、空気の5分の1が、命を支える「よい空気」だと見つけます。「よい空気」が消えて残る「毒性空気」はロウソクを消し、ネズミを窒息させました。

英国の「空気化学者」ヘンリー・キャベンディッシュ（1731〜1810）とジョゼフ・プリーストリー（1733〜1804）も、1760年代に同じ観察をしています。同様な観察はボイルの時代にさかのぼりますが、やがて「窒素」とよばれるようになる気体を元素（単体）だと突き止めたのは、タッチの差ながらブラックでした。

ヘイルズの水槽を使うプリーストリーの実験は実り多いものでした。彼は塩化水素や一酸化窒素、アンモニアなど約20種もの「空気」を分けとります。しかし彼自身も、同時代の誰も、「空気」それぞれが別物だとは思っていません。アリストテレスの4元素説はなお強く、「空気化学者」たちも、気体はどれも「空気」にすぎず、ちがいは不純物が多いか少ないかだとみたのです。ラヴォアジエさえ、4元素説にとらわれていました。

フロギストン説　だがやがて、古代への忠誠を捨てる動きが起こります。「空気化学者」たちは、燃焼（という化学反応）を説明する理論をつくり、観察事実に当てはめようとしたのです。化学史上でもっとも名高い「エセ元素」、フロギストンの理論でした。

フロギストン説は、近代化学に脱皮していく錬金術の最終段階でした。源流をたどれば、ジャービル派（16ページ）の硫黄、つまりどんな金属も含むという成分に行き着きます。現実の硫黄はよく燃え、弾薬の原料にもなる黄色い固体。聖書にいう「地獄の業火《ごうか》」も、燃えさかる硫黄の火でした。パラケルススが「3本質」のひとつとみた硫黄を、ベッヒャーは「油性の土」や「油性の本質」としたのでしょう（第1章）。ベッヒャーの弟子、ゲオルク・シュタール（1660〜1734）が、1697年にそれをフロギストンと名づけます。ギリシャ語の「炎（*phlox*）」からの命名でした。

燃える木から立ちのぼる炎や煙を眺めていると、木が何かを出しているように思えますね。それが燃える本質＝フロギストンなのです。たとえば密閉容器の中でロウソクを燃やせば、ロウソクの出すフロギストンが満ちて火が消える……というのがフロギストン説でした。

金属を空気中で熱すれば、炎はあまり出さずに燃えて灰になります。18世紀にそれを金属の「灰化」、産物を「金属灰」とよぶようになりました。金属灰と木炭を混ぜて熱すると、金属灰が金属に戻る。燃える金属もフロギストンを出すのだろう。燃えやすい木炭はフロギストンをたっぷり含むはずだから、そのフロギストンを金属灰に与えて金属を再生する、と思えば納得できたのです。

しかし疑問が浮かびます。燃えて軽くなる木なら、何かを出すと思ってもいい。けれど金属は灰化して重くなるのです。何かが出たのに重くなる？　たいていの人は、フロギストンの質量をゼロやマイナス（！）としてごまかしました。

シュタールは、燃焼のほか、酸とアルカリの性質や、生物の呼吸、植物の香りなどもフロギストン説で説明しました。フロギストン説は当時、化学の「統一理論」だったのです。

1772年のラヴォアジエは、おおむねフロギストン説に立ちながらも、燃焼の説明は疑い始めていました。同年の末、灰化する金属は「空気」を「固定」し、金属灰のほうは、木炭と熱の作用で「固定空気」を出すと考えます。翌1773年、ブラックの「固定空気」を聞き及び、自分の正しさを確信しました。少なくとも、重くなる謎は解けるので。

見えてきた酸素　フランスの薬剤師ピエール・バヤン（1725～98）が1774年、ラヴォアジエにこう教えました。「水銀の灰（酸化水銀）は、フロギストンに富む木炭を使わなくても、熱するだけで水銀になります。しかも、そのときに出てくる気体は、ブラックの〈固定空気〉とはちがうのです」。出る気体は何だろう？　答えは後日、夕食の席でプリーストリーと会話したときにわかり始めます（次ページ）。

非国教徒の長老派牧師プリーストリーは、家庭教師をしていたシェルバーン伯の援助で科学研究をしました。1774年の8月、バヤンがしたように酸化水銀を熱し、出た気体を集めます。その中に入れたロウソクは激しく燃え、くすぶっていた炭は燃えさかりました。つまりその「空気」は、ものの燃焼を助けたのです。

彼はこう考えます。フロギストンを含まない「空気」だから、燃えている物質からフロギストンを「吸い出す」のだろう。死ぬまでフロギストン説を信じていたプリーストリーは、その気体を「脱フロギストン空気」と名づけました。

1775年には、もっと不思議なこともわかります。容器に「脱フロギストン空気」を入れ、その中で飼ったマウスが、ふつうの空気中のマウスより長生きしたのです。すると生命力をもつ空気なのか？　自分で吸うと「呼吸が楽になった」。「吸ったのはいまのところマウスと私だけだが」生物にいい作用をする気体なのだろう……。

その発見もプリーストリーが初ではありません。ほぼ100年も前の1674年にボイルの助手ジョン・メイヨー（1641〜79）が、硝石（硝酸カリウム）を熱して出る気体が血液を赤くするのに気づいていました。メイヨーは、金属が「硝石の空気」（つまり酸素）をとりこんで灰化し、重くなるとも主張。また1771年ごろ、当世きっての実験化学者、スウェーデンの薬剤師カール・シェーレ（1742〜86）がメイヨーと同じ実験をして、燃焼を助ける気体を分けとりました。彼はそれを「火の空気」とよび、燃焼のときは「火の空気」がフロギストンと結びつくのだと考えます。

つまりプリーストリーの「脱フロギストン空気」は、メイヨーの「硝石の空気」とも、シェーレの「火の空気」とも同じもの（要するに酸素）でした。シェーレは、「火の空気は、ふつうの空気の5分の1を占める」なども含めた発見を、1777年まで発表していません。だから1775年の時点で、彼の発見を知る人はいなかったのです。

1774年10月の夜、プリーストリー、シェルバーン伯、ラヴォアジエがパリで会食します。そのときプリーストリーが語る実験結果を聞いて、ラヴォアジエにはピンときました。灰化のとき金属と結びつくのは、ブラックの「固定空気（二酸化炭素）」ではない。バヤンの酸化水銀から出る「空気」だろう。さっそく酸化水銀の実験をして1775年3月、「自分の発見」を発表しました。

自己中心のラヴォアジエ

ラヴォアジエの発表をみてプリーストリーは気づきます。自分の「脱フロギストン空気」を、ラヴォアジエは「ただの空気」と誤解している。そこでラヴォアジエに「脱フロギストン空気」の試料を送ってやりました。再実験したラヴォアジエは4月、物質が「特別に純粋な空気」と結びつくのが燃焼の本質……という論文をフランス科学アカデミーに提出します。もちまえの尊大さを発揮し、論文中ではプリーストリーにもバヤンにも触れていません。

戯曲『オキシジェン』では、プリーストリーとラヴォアジエとシェーレが、酸素発見の優先権を争います。現実世界でシェーレは1775年、酸素の発見を論文にして出版社へ送りましたが、印刷は2年後のこと。しかも彼は1774年の9月（ラヴォアジエが論文を出す半年前）、自分の実験結果をラヴォアジエに書き送っていました。その手紙をラヴォアジエが握りつぶした……という話が、戯曲中では見せ場のひとつです。

発見の優先権争いでは尊大だったラヴォアジエも、他人の一歩先を行く人でした。プリーストリーもシェーレも、酸素を「フロギストンがなくなった空気」とみます。だがラヴォアジエは、その「純粋な空気」を一人前の物質とみました。それなら空気は、元素ではなく混合物になります。だから酸素を元素と認めたのはラヴォアジエなのです。

このように酸素は、燃焼の説明から元素として浮上しました。しかしラヴォアジエは、当時は謎だった「酸性」の説明にも酸素をもち出します。硫黄や炭素、リンは、酸素と結合して気体に変わる。それが水に溶けて酸になる……。だから彼は酸素を、酸のもと（*oxygène*）と名づけます（ドイツ語*Sauerstoff*も日本語「酸素」も同じ意味）。しかし、塩酸のように酸素を含まない酸もあるため、命名はまったくの誤りでした。

ラヴォアジエの時代は、古代の元素観を脱していません。元素は、色や生物種のように「混ざりものの中でも個性を保つもの」でした。しかし、いまわかっているように、同じ元素から、さまざまな性質の物質ができます。有毒な気体の塩素も、ナトリウムと反応すれば無害な食卓塩になる。生命に必須の炭素・酸素・窒素も、一酸化炭素や青酸イオンになれば猛毒。そういうことは、当時の化学者には想定外でした。ラヴォアジエ自身も、水が酸素と水素からなると発言して批判されています。火をつけると燃える水素が、火を消す水（つまり「最強の反フロギストン物質」）の成分であるはずはない——という批判でした。

酸素の発見は、フロギストンをすぐ追放したわけではありません。酸素とフロギストンは、相反するものでした。なにしろ、燃焼のとき消えるものと、出るものですね。酸素がなくなるか、フロギストンが増えると、燃焼は止まる。そのきれいな鏡像関係が、フロギストン説を延命させました。フロギストンは「酸素の影」だったのです。

ラヴォアジエは段階を一歩ずつ踏みながら、フロギストン説と決別していきます。当初はフロギストンになるべく触れなかっただけですが、1785年には心の準備もできたらしく、手きびしい攻撃を始めました。

化学者はフロギストンをあいまいに定義し、どんなことも説明できるようなものにした。重さがあるとかないとか。自由な火だとか、土と結合した火だとか。容器を透過するとか、しないとか。腐食性があるとか、ないとか。透明だとか、不透明だとか。色があるとか、無色だとか。まるでプロテウス（姿を自在に変えたギリシャ神話の海神）のようなものだ。[3]

33元素の表

しかしラヴォアジエにも、フロギストン説の完全追放はできません。同時代人と同じく、古代元素の「火」にあたる熱を、カロリック（熱素）という元素とみました。「仮装したフロギストン」といえましょう。カロリックは、ものを気体に変える元素だ。酸素は大量のカロリックを含む。金属が酸素と結合して金属灰になるときは、酸素がカロリックを放出する（熱が出る）結果、酸素の密度が増えて重くなる……という調子です。

そんな考えを1773年の論文に書いています。物質の三態（固体・液体・気体）を論じる文章中で、古代ギリシャ人に4元素を想わせた現象つまり物質の物理的性質と、化学的性質をはっきりと区別しました。こんなくだりがあります。「同じものも気体・液体・固体になる。状態がちがうのは、カロリックの結合量がちがうからだ[4]」

ラヴォアジエの元素観を染め上げた古代の名残は、火を元素と信じたことだけではありません。本物の元素は、自然界にあまねく存在するか、少なくともさまざまな物質の成分になっている、と彼は思っていました。

> 元素とよぶためには、成分に分かれないだけでは足りない。自然界のどこにでもあり、およびただしい物質の必須成分になっている必要がある。[5]

そんな復古調もあるにせよ、ラヴォアジエは元素観を変革します。18世紀前半の化学者が思い浮かべる元素はせいぜい5種でした。しかし世紀末に近い1789年の教科書『化学要論』に彼は、「化学反応では分けられない」33元素の表を載せています。19世紀になって否定される「光」と「カロリック」や、いずれ（単体ではなく）化合物だとわかる物質いくつかもありますが、ひとつのことだけは明白です。18世紀末の当時はまだ、何が元素かを決める基準はなかったのです。その基準を見つけるのが、化学者たちの宿題になりました。

生命と酸素

1995年、太陽系外に初の惑星が見つかりました。その公転が母星を揺らす現象から想定されたのです。1999年には、惑星そのものから届く光も検出されます[6]。青みがかった光でした。青い光は、惑星の大気をつくる気体が出します。太陽系外の惑星は青っぽくても、光の源は酸素ではありませんでした。でもいつか、光の分析から、酸素があると確認できたらどうでしょう？　その惑星は、生命をもつことになるのです。なぜか？

1960年代まで、酸素に富む地球大気は、太古の地質学現象が生んだもの、つまり「生命以前の姿」だと思われていました。それなら、大気が酸素を含む惑星には生命がありうるけれど、必ずあるとはいえませんね。

酸素は生命の産物

いまや見かたは一変しています。大気に酸素が多ければ、必ず生命があるのです。酸素は生命の条件ではなく、生命活動の結果なので。20億年ほど前に原始的な生命が、無酸素だった地球大気を、酸素の多いものに変え始めました。

地質学的現象だけで、大気の酸素濃度は保てません。酸素は金属などと反応し、地殻《ちかく》に封じこめられてしまう。生命活動だけが、そんな反応産物から酸素をもぎとって大気に戻す。いつの日か生物が絶滅したら、大気の酸素濃度はじわじわとゼロに近づいていくはず。だからこそ酸素の多い大気の下には、必ず生命があるのです。

どんな動物も酸素を使うけれど、細菌の多くは使いません。使わないどころか、酸素を嫌う嫌気性生物《けんきせいせいぶつ》です。そんな生物が、いまも海底や湿地帯の泥、油田の底、ヒトの大腸など、空気がやってこない場所に棲《す》んでいます。

38億年ほど前に生まれた生命は嫌気性でした。当時の大気は、窒素と二酸化炭素、水蒸気などが主体だったと思えます。どんな生物にもエネルギー源が欠かせない。原始の嫌気性細胞は、海底火山が出す熱と化学エネルギーを使ったのでしょう。

けれど、はるかに大きいエネルギー源があります。太陽光です。進化の途上で生命は、太陽光を使う光合成のしくみをあみ出しました。光のエネルギーで二酸化炭素を化学反応させ、炭素骨格の分子をつくります。光合成の副産物が酸素です。生じる酸素は、はてしない時間のなかで海水中の鉄イオンなどと結びつき、除かれていきました。やがて捨て場も満杯になり、酸素が大気にたまり始めます。

酸素は猛毒　酸素の増加は動物に恵みでも、光合成生物にとっては、とんでもない環境悪化でした。すさまじい腐食（酸化）力と破壊力をもつ酸素は猛毒なのですから。

ふつうの環境中に、酸素ほど活性な元素はありません。小さい火花でも、森をそっくり酸素と反応させますね。1998〜99年に起きたインドネシアの森林火災は、国全体を煙で包み、ローカル気象を変えたほど。それが線香花火に思えるくらい巨大な規模の山火事が、遠い昔に何度も起きた地質学的証拠が見つかっています。

聖マタイは、「虫が食ったり錆《さ》びたりする」宝を地上に積むなと教えました。光り輝く鉄も鋼も、酸素の力から逃れるすべはありません。古い絵はニスの酸化で黒ずんでいるし、空気中の金属はたちまち酸化物の膜で覆われます。

でも自然は対応策を見つけました。毒が増えたら、毒と共存する道を拓けばいい。私たちが酸素を吸うのは、酸素が本来「いい物質」だからではなく、進化の途上で毒性を減らす方法をあみ出したからです。細胞内のミトコンドリアで糖を「燃やす」ときにできる毒性の活性酸素は、専用の酵素にさっさと始末させる。漂白剤にも使う過酸化水素や、破壊力がずっと強い超酸化物イオンなど活性酸素は、DNAなど大事な分子を傷めます。傷ついたDNAを修復するしくみはあるにせよ、活性酸素は老化の主犯にもなるのです。

つまり、酸素の多い大気は、快適でも理想的でもありません。行きがかり上そうなっただけ。酸素は量の多い元素で（全宇宙で3位。地殻なら1位＝47％）、地球大気の酸素濃度は、私たちのような好気性《こうきせい》生物に適した値を保っています。17％を切れば窒息死。しかし25％を超すと有機物は燃えやすく、手のつけられない山火事が多発する。太古のいつか35％を超していたら、生物は丸焼けになって絶滅したはず（だからNASAも、アポロ試験飛行で起きた火災爆発のあと、船内を純酸素から空気に変更）。つまり、21％という現在の酸素濃度は、生物界にぴったりの値なのです。

ガイア仮説　酸素濃度がほぼ一定という事実から、生物圏と地圏・水圏が共同で生命にぴったりの環境を整える——とジェームズ・ラヴロック（1919〜）は考えました。名高い「ガイア仮説」です。約20％に達したあとの酸素濃度は、ごくわずかしか変動していません。また、いまの酸素濃度は成層圏にオゾン層をつくるほど高く、そのオゾン層が有害な紫外線から生命を守っている、という事実も意味深長ですね。

酸素をほぼ一定に保つしくみは？　まず光合成生物が、水の酸素原子から酸素分子をつくります。それを好気性生物が使う。生物による生産・消費のつり合いに加え、海も大きな仕事をします。海の中では、大気の酸素を使う有機物の分解が進みますが、何かの拍子に酸素が減ると、分解が遅くなって酸素の消費も減るのです。

生物圏と岩石、火山、海洋の地球全体では、酸素・炭素・窒素・リンなどが、からみ合いながらいつも循環しています（生物地球化学サイクル）。歯車の歯がかみ合うような元素循環が、地球の安定な環境を保つのです。

化学の歯車が回り続けているため、地球は「平衡」にはなりません。平衡になれば、見た目の変化が止まってしまう。地球の環境は、変化がないからではなく、変化し続ける「定常状態」だからこそ安定なのです。直立不動の人が平衡状態、ルームランナーをやっている人が定常状態だと思えばよろしい。

岩石や海中の物質が化学変化すれば、地球環境の姿も変わります。そうした変動を抑えるのが生物です。生物圏の歯車は、光合成生物が吸う太陽エネルギーを動力にして回り、かけがえのない酸素をつくります。いつか生物が絶滅したら、地球はゆっくりと平衡状態に向かい、いまとはまったく別の環境になっていくでしょう。

そのことは隣の惑星を見ればわかります。金星と火星は、大きさも元素組成も地球とほぼ同じ。しかしどちらの大気も、酸素は1％未満で、窒素も少なく、ほぼ95％が二酸化炭素。火星の大気は薄く、金星の大気は濃いという差はありますが。表面の温度でみると、金星は濃い大気層のせいで750℃にもなり、大気が薄い火星は氷点下50℃に下がる。どちらの大気も酸素がほとんどなく、組成が平衡に近いという事実を地球から観測するだけで、少なくともヒトのような生命は存在しないと言いきれるのです。

＊1　［訳注］日本語は、原子の種類を「元素」、同じ原子からできた物質を「単体」とよんで区別する。「単体」の外国語訳はないことに注意したい。

第3章
欲望と呪いの元素——金

「王様の耳はロバの耳」でも名高いギリシャ神話のミダス王は贅沢《ぜいたく》を好み、小アジア（現トルコ）の領地プリュギアに、華麗なバラ園をつくらせました。ある日、神ディオニュソス（バッカス）の養父だった老人シレノスが、泥酔のあげくバラ園に迷いこみ、芳香をかぎながら眠りこけてしまいます。庭師がシレノスをミダス王のもとに連れていきました。

それから10日間、王はシレノスを厚くもてなし、かたやシレノスは物語と歌で王を楽しませます。老人を送り届けた王に、ディオニュソス神が言いました。返礼に、ひとつだけ望みをかなえてやる。「では……触れたものすべてが金になるよう」。望みはかない、触れた石も机も金に変わります。けれど食べ物も金に変わってしまい、王は神に助けを願い出ました。

やはり……と苦笑しながらディオニュソス神は、ミダス王にすすめます。アナトリア（現トルコ）のトモロス山から流れ下るパクトロス川で水浴びしてみよ……。王が水に触れると、水は水のままでも、川底の砂が金に変わりました。現実に砂金がとれたパクトロス川にまつわる神話ですが、「黄金は身を滅ぼす」の教えでもありましょう。

ミダス王のモデルは、紀元前8世紀のマケドニアにいたムシュキ族のミタ王だといわれます。領地で採れた黄金が、ミタ王朝を繁栄させたのです。

金の魔力　神話のミダス王は金の呪いからなんとか逃れますが、金で身を滅ぼす伝承も数知れません。トロイ戦争の時代、ポリマメストルの逸話がそのひとつ。トロイ王プリアモスの信が厚い彼は、王子ポリドロスの養育を任され、アガメムノンの魔手から王子を救ったりもしました。しかし、王子の養育・教育費にと王が渡した金に目がくらみ、金をひとり占めしようと王子を殺してしまいます。

王子の死体を見たプリアモスの妃ヘカベは、ポリマメストルの所業と見抜きました。復讐のためヘカベは、トロイ（当時は廃墟）の宝物庫に案内するわ……とだましてポリマメストルを誘います。ポリマメストルはいそいそと、息子二人を連れてやってきました。ヘカベは息子たちを刺し殺し、ポリマメストルの目をくり抜きました。その伝承をローマの作家ウェルギリウス（紀元前70～19）がとり上げ、黄金に向ける欲望の強さをこう嘆いています。

ポリマメストルは人の道を踏み外し、ポリドロスを殺すほどにまで黄金に狂った。呪われた黄金への欲望よ、いったいなぜ、汝は人の心をもたぬのか[1]？

なぜなのでしょう？ 古代のお金は紙幣ではなく、光り輝く金でした。ルネサンス期の人びとはギリシャ・ローマ時代を「うるわしい黄金時代」とみましたが、ローマ時代の作家プロペルティウス（紀元前50〜15ごろ）は、そんな幻想などもっていません。黄金さえあれば誰もが歓待してくれるし、人の心も真実も自由も意のままになるからです。

それがまさしく黄金時代。世の中は金だ。金があれば……愛情が買え、他人の心も、判決も意のままになる。法さえ金に従うのだから[2]。

古典時代の教養人には、富をさげすむ人もいました。世俗を超越していたと評判のソクラテス（紀元前469ごろ〜399）は、裕福な弟子アリスティッポスが差し出す金を拒みます。感動したアリスティッポスは、奴隷にこう言いました。長旅のとき重くて運びにくいなら、金は捨ててもかまわぬぞ……。ティグリス河畔の住民が誰も使わないよう金を地面に埋めたとか、強欲でない蛮族もいるとか、古代の作家たちが書き残しています。

むろんそれが多数派ではありません。ローマの将軍マルクス・クラッスス（紀元前115〜

53ごろ）は、黄金を奪おうとパルティア（現イラン）を攻めたあげく、兵11名とともに捕えられて殺されます。将軍の腹を見抜いていたパルティア兵は、死体の口をこじ開け、融けた金を流しこみながら言いました。「黄金に飢えていたんだろ。さぁたっぷりと飲め」

時代が下っても、古代の教訓などどこ吹く風と、金への欲望は変わりません。中世ドイツの著述家ゲオルギウス・アグリコラ（1494〜1555）がこう書き残します。

金や銀ほしさに盗みや冒瀆《ぼうとく》、強盗をするために産まれたような連中が、家の戸をたたき破り、壁に穴を開け、旅人をたたきのめすのは日常茶飯事。つかまると泥棒は縛り首、神を冒瀆した輩は火あぶりで、強盗は手足をへし折られる。戦いの原因も同じ。……黄金は、ご婦人の誘惑、姦通《かんつう》・不倫・不貞、暴力沙汰など、ありとあらゆる悪徳の根源だといえよう。(3)

16世紀にはスペイン人が、黄金ほしさにペルーのインカ文明を根絶しました。悪名高いフランシスコ・ピサロ（1470ごろ〜1541）は、本来の任務（キリスト教の布教）などどこ吹く風と、「私は金を奪いにやってきたのだ」と言いきっています。(4) 19世紀中期のゴールドラッシュでは、命にかかわる悪環境などものともせず、大勢がカリフォルニアに押し寄せました。映画『007ゴールドフィンガー』でジェームズ・ボンドが対決したのは、現代のミダス王やポリマメストルかとみえる連中、米国フォートノックスの連邦金塊貯蔵庫を狙う金の亡者どもです。

何もしないから高貴

金はまず実用材料になりません。ファッションモデルの衣装に似ています。軟らかすぎて道具にならない。重すぎて扱いにくい。鉄や銅、マグネシウム、マンガンなどとはちがい、体にも何ひとつしない。それなのに人びとは金を求め、岩盤に穴を掘って爆破させ、膨大な土砂をふるい分け、過去500年だけでも10万トンを手にしました。科学史に強い数学者ジェイコブ・ブロノフスキー（1908〜74）に言わせると、「古今東西・老若男女を問わず、金は万人がほしがる宝なのだ[5]」

逆説的ながら、実用にならず反応しにくい性質が、金の価値だといえましょう。気体と反応しないから表面がくすまない金は、宝飾品にぴったり。反応性がない金を貴金属（ノーブル・メタル）とよびます。高貴さを意味し、王家や特権を想わせるその呼び名こそが、金の歴史を織り上げたのです。中世後期の英国には「ノーブル金貨」がありました。

金の魅力は、いつまでも輝き続ける外見にとどまりません。不変の姿に、錬金術師は「気高い精神」を想いました。そのため彼らの金づくりは、富の追求ではなく宗教的な探求でした。あとでみるとおり中国の錬金術師は、金に不老不死を想います。金の精こそが求めるもの。だから中国では、最高のものや世界の中心を黄金色で表現しました。皇帝の使う色も、古代ローマは紫だったところ、中国は黄金色になったのです。

元素のうちで金属は、昔から誰でも知っています。渋い色の鉄、赤っぽくて軟らかい銅、鏡に似た液体の水銀……。でも金より心を奪うものはありません。貴さや純粋さのシンボルです。スポーツ競技のメダルは古代の貨幣金属3種ですが、むろん1位は金メダル。韓国音楽祭の大賞はゴールデンディスク。結婚式の誓約書は金で封印し、50年後のお祝いが金婚式。クレジットカードやコーヒーも、「ゴールド」をつけて庶民の心をくすぐります。

希少さも価格も金をしのぐ白金＝プラチナは、「ゴールドより上」の意味で使うことがありますね。けれどたいして広まらないのは、西洋社会が白金を認識したのはようやく18世紀の中ごろなので、白金が出てくる伝説や神話がないからでしょう。つまり、私たちの文化に浸透した元素のうち、金の右に出るものはないのです。

金の採取

金は天然にたいへん少なく、地殻《ちかく》には鉄の400万分の1しかありません。それほど少ないというのに、人類は7000年以上も前から金を使ってきました。歴史区分の鉄器時代はようやく紀元前1200年ごろに始まり、鉄が普及したのはローマ時代[*1]。採取も利用も金のほうがずっと早かったのは、反応性がなく、単体のまま天然に出るからでした。ありかさえわかれば誰でも採れる。それにひきかえ鉄などは、酸素や硫黄と結びついた鉱石の姿だから、化学変化で酸素や硫黄を切り離さないと手に入りません。

自然金は、銀との合金になっています。銀が20％以上の自然金を琥珀《こはく》金（エレクトラム）といい、古代人は金ではないと思っていました（どのみち古代人は、金属のちがいを、種類ではなく「純度のちがい」とみていたのですが）。宝飾品に使う黄色がかった「緑金」は、27％の銀を混ぜた琥珀金です。

鉱床金と砂金　地殻の中に金は平均2・5ｐｐｂ（岩400トン中に1グラム）しかありません。金の濃い鉱脈では、母岩中に微結晶や薄片の形で見つかります。そんな金脈ができるのは、塩素や硫黄の塩を含む温水が岩に浸みこむような場所。金は塩素や硫黄と水溶性の塩をつくるため（硫黄化合物の「チオ硫酸金」は水溶性）、そうした水が岩から金を溶かし出す。水溶液が冷えると（または火山活動などで加熱されると）金は単体に戻って沈殿し、そんな金が、石英や黄鉄鉱の鉱脈に閉じこめられています。なお鉱物の黄鉄鉱（パイライト：FeS_2）はきれいな金色の結晶で、よく金とまちがえる人がいるため、昔から「愚者の金」とよばれてきました。

岩石内の金を鉱床（ロード）金といい、金の濃い鉱床が主脈（マザーロード）です。「マザーロード」はゴールドラッシュの時代、カリフォルニアにある主脈の呼び名でもありました。低温・低圧のもとで地表近くにできる主脈は、金の濃度がとりわけ高い。コロラド・ネバダ両州にそんな鉱床があり、19世紀にはスペイン語の *bonanza*（大当たり）を借りてよばれました。１９５９年のテレビドラマ『ボナンザ』が、文字どおり「大当たり」しています。

雨や流水は鉱物をじわじわ溶かす（化学風化）。単体の金は溶けず、岩が溶ければポロリと落ちる。それが川底に行き、ゆっくりと下流に運ばれ、どこかにたまる。金は川底の岩とこすれ合い、ミニ球根のような砂金粒（ナゲット）になります。地球上でいちばん金が採れるのは、砂金のたまった砂金鉱。大昔から人間は、砂金鉱の砂を細かい網ですくい、引っかかる砂金を集めました（図3）。

金は岩からも採れますが、採るには長い時間と組織力、安い労働力が必須です。古代エジプトにはその全部がありました。前２０００年ごろからヌビア砂漠の金鉱を奴隷などに掘らせ、その金がファラオの墓を飾ります（ヌビアは、古代エジプト語で「金の場所」）。紀元前1世紀のローマ人、シケリア（シチリア）のディオドロスが、悲惨な採掘作業をこう描写しました。

　無数の人間に現場監督が金を掘らせた。奴隷、大罪人、捕虜、王に逆らう者、あるいは冤罪《えんざい》で投獄された者も、エジプトじゅうから狩り出した。……情けなどいっさいかけず、裸をかろうじて隠すボロ布だけ与える。……病人も身障者も、休憩・休息は許さない。……果ては苦しみもだえつつ、作業しながら死ぬ者もいる。[6]

A：厚板　B：側面板　C：鉄線　D：取っ手

図3　アグリコラ『鉱山書（*De re metallica*）』（1550年）にみる16世紀の砂金採取.

鉱床金に比べると、砂金の採取は簡単です。ひとりでもできる。だから米国のゴールドラッシュが起きました。最古の金細工も砂金からつくったものです。ヴェスビオ山の噴火で命を落とすローマの大プリニウス（紀元23〜79）が、こう書いています。「金はどこにでも見つかる。……流れの底に金の粒……摩擦でツルツルになったみごとな金だ[7]」

鉱床金のほうで最大の

金鉱は、27億年ほど前にできた南アフリカのヴィトバーテルスラント鉱山です。かつて採られた金のほぼ4割を占める南アフリカは、いまも世界最大の金の産地。不活性で実用にならない2元素、金と炭素（キンバリーのダイヤモンド）を求めて先進国が争い、アフリカ大陸の歴史をゆがめました。

神話の源　16世紀のアグリコラは、ローマの歴史家ストラボン（紀元前63〜24）の書を引用し、コルキス（黒海の東岸）で行われていた古代の砂金採取をこう描写しています。

> コルキスの人びとは川底に動物の皮を置く。引き上げた皮には砂金がびっしりついている。だから詩人たちは、コルキスの「金の羊皮」物語を織り上げたのだ。(8)

金の羊皮とは、ギリシャ神話の中で英雄イアソンが、ヘラクレスほか50名ほどの勇士を率い、巨船アルゴ号に乗る冒険の旅で手に入れたもの（図4）。金の羊皮はコルキスの荒野にあり、竜が見張りをしていました。典型的な「クエスト伝説」のひとつですが、古伝あれこれの混ぜものでもあります。ギリシャ神話より古い時代、紫や黒に染めた羊の皮を祭祀に使っていました。その事実が、コルキスに行って金の羊皮を奪うイアソンの物語に織りこまれます。神話や伝説の背後には、たいてい現実の出来事があるのですね。

A：泉　B：羊皮　C：勇士.

図４　金の羊皮を見つけた英雄イアソンとアルゴ号の勇士.

ゴールドラッシュ　どこかの金庫に眠る金も、流通中の金も、大半は19世紀中期以降に採れたもの。そのころ大金鉱が各地に見つかり、ゴールドラッシュが起きました。１８２０年代にロシアのウラル地方で、次にシベリアで金鉱が見つかります。１８４７年の時点で、世界年産量の３分の２はロシア産でした。しかし１８４８年、カリフォルニアで砂金が見つかり、状況が一変します。翌年にはフォーティー・ナイナー

（１８４９年の４９＝フォーティー・ナインから）がどっと殺到。１８５１年にはオーストラリアのニューサウスウェールズ州でも金が見つかり、囚人くずれの暴動を恐れた英国政府は、同国への流刑をやめました。

１８９０年代になると、鉱石から金を分ける「シアン化法」の発明で、南アフリカの金生産はどんどん進みます。発明者はスコットランドの化学者ジョン・マッカーサー（１８５６～１９２０）。砕いた鉱石のスラリー（懸濁液）にシアン（青酸）化合物を入れ、水溶性のシアン化金にしたあと、亜鉛を入れて沈殿させる。その技術革新が、16世紀前半に約８ m^3 だった世界の生産量を、１９０８年には１０００ m^3 まで押し上げました。

地殻には平均２・５ｐｐｂしかない金も、地球全体の量は膨大です。とはいえ大半は採れません。平均濃度の数千倍でないと、採算に合わないのです。採算に合う形で採れるのは5万トン足らず。いま年産が２８００トンだから、いずれは底をつくでしょう。

新しい採取法

金は海水にも溶けています。濃度は地殻の数百分の１（海水10万トンに１グラム）でも、海全体では１０００万トン（価格で１０００兆円の１０００倍）を超す。とはいえ採算に合う採取はまず無理だから、イアソンが手にした金の羊皮にも及ばないはず。

アンモニアの合成で名高いドイツの化学者フリッツ・ハーバー（１８６８～１９３４）が、海水からの金採取を有望とみました。海水からの金を、第一次世界大戦の賠償に充てよう……

と政府に進言。しかし、偉大なハーバーも金の魔力に目が曇ったのか、濃度を実際の1000倍も過大評価していたとわかり、計画は流れてしまいました。

新しいところでは、天然の「ミニ鉱夫」を使う方法があります。バクテリアの一種が、黄鉄鉱 FeS_2 の硫黄分を食べ、鉱物中に金の微粒子を濃縮してくれる。その方法がいま、西オーストラリアのユーアンミ金鉱山で使われています。

植物も使えます。金をためる植物はあっても、濃縮度は地殻のせいぜい4倍なので、ものの役には立ちません。しかしマッセイ大学のロバート・ブルックスらは1998年、カラシナが、並の植物の100倍も金をためることを見つけました。(9) 人工の「モデル金鉱石」に、金を溶かす試薬を加え、ポットに入れる。そのポットで育てたカラシナが、17ppm（17000ppb）も金をためました。それなら、採算に合う金の採取ができるかもしれません。

『鉱山書』で鉱業を讃えた16世紀のアグリコラは、自然界に捨てるゴミも、森林の伐採も、川の汚染も気にしませんでした。カラシナを植えて金が採れるようになれば、「環境を汚さない鉱業」も夢ではなくなるわけですね。

純金と合金

天然の金は銀や銅との合金だから、古代の職人は不純物の除きかたを工夫しました。そんな技術を生んだ古代エジプトとメソポタミアで、金属加工は神聖な仕事となり、職人は神殿付属の屋敷群で働きました。バビロンの守護神マルドゥクも「黄金の神」です。

職人たちは、金と銀の合金、つまり人工の琥珀金をつくるレシピも工夫します。銀を混ぜて不純にする?……と首をかしげる人もいましょうが、琥珀金のゴブレット（杯）は、飲み物の毒見に役立ったのです。銀を黒ずませる毒物は多いので。

金の精製

金と銀を分けたがったのは、金属職人のほか、商人もそうでした。銀が混ざると品位が落ちる。もらう側は金の純度を確かめたい。金と銀を分ける方法が灰吹法《はいふき》です。骨灰製の容器に試料を入れて融点まで熱すると、不純物が分かれ、容器の壁に吸収される。灰吹法は紀元前2500年ごろにでき、初めは金と銀ではなく、鉛と銀の分離に使われました。

塩を使って金と銀を分ける方法をストラボンが紹介し、12世紀のベネディクト会修道士テオフィルス（1070〜1125）も、硫黄を使って金の不純物を除く方法を書き残します。錬金術師があみ出した方法でしょう。8世紀のジャービル（16ページ）も、16世紀の錬金術師バジル・ヴァレンティン（やはり実在は疑問）も、金の精製法を書き残しました。アグリコラも、金に混ざった金属を除く手順に何ページも割いています。ただし、古い情報をそのまま転記したらしく、意味をとりにくい箇所もあるのですが。

ローマ帝国の基盤は、生産力ではなく「金の保有量」でした。市民を養う穀物は、植民地から金で買う。金の大半は、現スペインのリオ・ティント鉱山で採れました。鉱石からできる金・銀・銅の合金を融かし、融けた鉛をそこに加える。金と銀は鉛に溶けても、銅は溶けない。そのあと、金・銀・鉛の合金に灰吹法を使い、金属それぞれを分けとりました。

灰吹法は錬金術の時代も続きますが、大事な点に注意しましょう。灰吹職人に、「元素を分けている」意識はありません。当時は、どんな金属も本質（ジャービルの「水銀＋硫黄」）は同じで、純度（成熟度）がちがうだけだと思われていたのですから。金も銀も鉛も、一人前の元素ではなく「混ざりもの」。だから、「元素」に関心をもつ人びとも、金属はほとんど話題にしていません。性質の似た金属どうし、別物とは思わなかったのです。

つまり、錬金術師の元素変換（むろん現在の意味）を信じた人は、だまされやすい人だったわけではありません。金属に種類があるとは誰も思わない時代、錬金術師が何かに手を加えると、キラキラ輝く金が出てくる……そんなシーンを目にすれば、卑金属が金に変わったと思うしかないでしょう。かのボイルも、やや自信がなかったのかボカした表現ながら、自分でやった「金づくり」実験をくわしく書き残しています。

政府認可の錬金術

１６７９年には、派手好みの錬金術師ベッヒャー（17ページ）が、オランダ政府の許可を受け、政府高官とアムステルダム市長立会いのもと、砂からの金づくり実験に「成功」しました。彼は事業の規模拡大を政府に申し出ますが、当局にいる敵（ベッヒャー談）の強硬な反対にあい、身の危険を感じてオランダから脱出しています。

金づくりの追求は、なんと20世紀の直前まで続きました。１８９４年、スウェーデンの著述家ヨハン・ストリンドベリ（１８４９〜１９１２）が、自力で金をつくったと確信します。むろんそんなはずはなく、化学者が調べてみたら、「愚者の金」（47ページ）と同じ金色の鉄化合物でした。

数々の名声や富を生みながらも幻だった「金づくり」は、１９４１年に実現します。錬金術や化学反応ではなく、核反応を使う。米国の物理学者ケネス・ベインブリッジ（１９０４〜９６）とR・シェアが、原子炉からの高エネルギー中性子を水銀原子に当て、ほんの一部を金の原子に変えました。核反応のことは第５章で紹介しましょう。

通貨の金

ローマの詩人ホラティウス（紀元前65〜8）が、こんな問答を書き残しています[10]。「お金の価値は何か？ どう役に立つ？」「パンや野菜やワインが買える」。明快です。むろん、傭兵《ようへい》や売国奴も貨幣で買えました（金そのものも貨幣と同じ）。当時のお金は、ずっしりとして光り輝く金か銀の円い板。いまのような紙幣はないし、ネット口座の仮想通貨もありません。

16世紀には、貴金属が強欲と犯罪を助長するという批判に応え、通貨システムの利点をアグリコラがこう解説しています。いま小学校で教えてもよさそうな内容ですね。

昔の無知な輩が頼り、蛮族はいまなお頼る物々交換を、賢人が見直して通貨を発明した。これほど便利なものはない。重くてかさばる品物が、わずかな金や銀と同じ価値。通貨を使えば、遠く離れた人間どうし、文明生活の必需品をたやすく交易できる。(11)

金は交易の潤滑剤として市場を動かします。物々交換なら、交換する品物どうし、時と場所が合わないと成り立ちません。通貨はそのまま価値だから、時と場所の制約はなく、朝方に温かいパンを売ったパン屋は、その売上で酒屋から夕食用のビールを買える。とりわけ、ほんの少しで価値の大きい金は、ひと袋の金が牛20頭というふうに、願ってもない通貨になります。輝きも純度もほとんど変わらない金は、通貨にぴったりなのですね。

最初の貨幣　史上初の貨幣は、紀元前7世紀のギリシャ領リュディアで生まれました。純金ではなく、銀との合金（天然の琥珀金）を成形し、発行元を刻印したものです。リュディア最後の王クロイソスは、ペルシャに敗けて投獄される紀元前546年まで、莫大な富を誇りました。リュディアの金はほとんどが、本章冒頭のミダス王伝説にあるパクトロス川の砂金でした。クロイソス王は、琥珀金のほか、純金や純銀の硬貨もつくります。紀元前5世紀のアテネでは、青銅（銅・スズ合金）の硬貨もつくっていました。

財力を権力基盤とする社会の盛衰を初めて体験したのがローマ人です。商品も黄金も、絶対の価値はないため、流通量が価値を決める。ローマ帝国は当初、アウレウス金貨1枚をデナリウス銀貨25枚と等価にしました。けれど後代の皇帝は華美を好み、たとえば第5代ネロ帝（紀元37〜68。在位54〜68）など、壁に宝石をちりばめた「黄金の館」をつくらせています。そんな贅沢が金銀の流通量を減らしたせいで、アウレウス金貨もデナリウス銀貨も、安い金属を混ぜることになりました。

悪貨は良貨を……　3世紀には、デナリウス貨も98％が銅でした。むろん商人は、呼び名も刻印も同じだとはいえ、純銀だった硬貨に比べ、「ほとんどが銅の銀貨」を軽くみるようになります。

通貨の価値が下がったのです。通貨の購買力が落ち、同じ品物に支払う通貨が増え、インフレが進みました。良質の硬貨をもつ人は貯めこんでしまい、商いに使うのは合金の硬貨だけ。ロンドンの王立取引所を創設したトマス・グレシャム卿（１５１９〜７９）にちなむグレシャムの法則「悪貨は良貨を駆逐する」の先駆けでした。

富は使うもので、貯めこむものではない。王も皇帝も、それになかなか気づきません。中世には、国力は富の保有量で決まるという考えが広まり、18世紀になるまで支配者たちは、富を求めた戦争を続けます。でも後年のジョン・ケインズ（１８８３〜１９４６）が言うとおり、経済の健全さを決めるのは通貨の保有量ではなく、消費や投資に回る量なのです。

金本位制　金は19世紀、通貨のコントロールに役立ちました。[12] 紙に印刷し、安い金属に刻んだ通貨の数字に実体がないと、紙幣や硬貨を国がどんどんつくってインフレを招く恐れがあります。通貨の価値にちょうど見合う量の金を準備しておけば、それを避けられる。いわゆる金本位制です。

金本位制を初めて導入したのは1821年の英国。1933年には米国の第31代大統領ハーバート・フーヴァー（1874〜1964）が、「政府を信用できないから金を保有するのだ」と発言。ちなみにフーヴァーは、アグリコラの『鉱山書』（1550年）を英訳した人でもあります。ぴったりの仕事でした。

金本位制なら、通貨を銀行にもっていけば、同じ価値の金と交換できます。英国の100ポンド札が金22オンス（624グラム）……という交換レートは1717年、王立取引所長官のアイザック・ニュートンが決めました。[*2] ほかの国々も採用すれば、金本位制は国際交易の基盤になります。1870年代に事実そうなりました。

世界の主要国が採用した金本位制は、国際通貨の相対価値を決めました。そのとき為替《かわせ》（交換）レートは固定されます。1英ポンドが金7・32グラム、1米ドルが金1・50グラムなら、1ポンドは4・88ドル。1999年のノーベル経済学賞受賞者ロバート・マンデル

（1932～）に言わせると、「通貨とは、重さが決まった金の別称[13]」。その保証があるため、ロンドンでドルを、ニューヨークでフランを使えるのですね。

変動相場制　でも為替レートを固定すると、まずいことがありました。貧しい国の経済動向が、豊かな国に揺さぶられるのです。「ロンドンがくしゃみをすると、アルゼンチンが肺炎になる」。事実1873年には、ロンドンのくしゃみが米国を揺さぶり、英国の投資家が米国を見切ったせいで、恐慌に見舞われました。1890年代にも同じことが起き、米国の人民党がこんな声明を出しています。「金本位制を続けると、破産、暴動、犯罪、ストライキ、浮浪者、貧困……の悲惨な時代が来る」。たしかに、かつてない悲惨な時代が迫っていました。

第一次世界大戦の余波で国際通貨システムが狂い、続く大恐慌で崩壊寸前に向かいます。市民の不安が反政府行動を生みました。1931年、ブチ切れた英国は金本位制を捨て、「金は野蛮人の遺物にすぎない」と言い張るケインズが狂喜。彼は世界の金融システム再建に活躍します。1944年に米国ニューハンプシャー州でブレトンウッズ会議が開かれ、ドルを基軸通貨にすると決まりました。つまりドルは、金と交換できる唯一の通貨になりましたが、交換できるのは個人ではなく、公庫や銀行だけ。

第二次世界大戦のあとしばらくは、なかなかの制度に思えました。しかし以後に進む各国経済の激変にうまく対応できるものではありません。1971年、第36代大統領リチャード・ニクソン（1913〜94）が廃止を決め、以後の国際為替レートは、どんな通貨も金と換算しない変動相場制となっていまに至ります。

過去数十年、通貨や輸出入を金本位制に戻そうとする国もあり、1960年代にはフランスのシャルル・ドゴール大統領（1890〜1970）が前向きになりました。だがもはや現実的な選択肢ではありません。為替レートは予測できない形で変動するとはいえ、金本位制に戻したら国際経済は暴走するでしょう。

飲める金、真っ赤な金

3世紀のローマ皇帝ディオクレティアヌス（244〜311）には、ひとつ心配ごとがありました。錬金術師が金をどんどんつくり、それが出回ればインフレになる……。そこで錬金術書の破棄を命じます。ただし錬金術の達人は、金儲けに興味はありません。古代中国の錬金術師・葛洪《かっこう》（260〜340ごろ）が言っています。「金は不死の妙薬を得るためにつくる。金儲けではない(14)」

金の仙薬　パラケルススが生きた16世紀まで、中国の錬金術は、アラビアや西洋の伝統とは一線を画していました。西洋は「賢者の石」をめざすのに、中国では万能薬（仙薬）をめざしたのです。万能薬には、卑金属を金に変える力もある。ある達人が、酒屋に並ぶ鉄の酒瓶をことごとく金に変え、弁償するハメになったとか。万能薬は、人間を不死にし、死者を生き返らせもする。万能薬でつくった金の皿やお椀を使って食事するだけでも、不老不死になれる。中国の思想を輸入したインドでも、浄罪の祭祀には金を使いました。

万能薬とは何か？　無数のレシピが残っています。当初は金ではなく、朱（硫化水銀）に目をつけました。金があまり採れない紀元前4世紀までの中国では、錬金術書にも歴史書にも、金はほとんど登場しません。しかし以後、金を最強の仙薬とみる錬金術師は、金を自ら飲み始めます。飲んだのは自然金ではなく、錬金術でつくった金でした。葛洪がこう書いています。「卑金属からつくった金は、多様な素材のエキスを含むため、天然の金をしのぐのだ」

万病に効くという「飲む金」は西洋に伝わります。金は水に溶けないし、1000℃を超えないと液体にならないため、首をひねる読者もいるでしょう。けれど中世の錬金術師は、金を溶かす「強い水」を知っていました。あるスペインの錬金術師が、出典はハイヤーン（15ページ）の著作だと断りながら、1300年ごろの本に製法を書いています。「キプロスの硫酸」、硝石（硝酸カリウム）、「イエメンの明礬《みょうばん》」、「アンモン塩（塩化アンモニウム）」を溶かした溶液で、王水（*aqua regia*）とよばれるものでした。

いま硝酸と塩酸（体積比1対3）からつくる王水は、たしかに金を溶かします。金は王水と反応し、四塩化金酸イオンという「錯イオン」になって溶けるのです。「不死の」金が王水中にかき消える現象を、錬金術師は魔法の類とみたでしょう。
金を含んでいようといまいと、強い酸の王水は飲めませんが、大量の水で薄め、香料を少し垂らせば飲めました。また、加熱した金や金アマルガム（水銀との合金）に、アルコール（ワインの蒸留物）や酢、尿を注いでも「金を含む水」ができる。金の加工職人は王水で金と銀を分けた、とアグリコラは書いていますが、酸の成分がわかるのは何百年もあとだから、あれこれ試してたまたま成功したのでしょう。

赤い金⑮　ガラス職人は、「溶けた金」で華麗な赤紫（ルビーレッド）のガラスをつくる方法を見つけます。金の溶液にスズ化合物を加えてできる深紫色の溶液を使うのです。最古の記録（1685年）をアンドレアス・カシウスというドレスデンのガラス職人が残すため、ガラスの色には「カシウス紫」の名がつきました。ただし着色法を発明したのは、同じドイツの職人ヨハン・クンケル（1630～1703）だといわれます。
金が溶け、しかも赤紫の溶液になる現象は、錬金術師の心を躍らせたでしょう。ローマ皇帝も使った紫は吉兆を意味し、じつは「賢者の石」も紫色だったと伝える本もあります。トルコ軍による1453年のコンスタンチノープル陥落で、古代紫（チリアンパープル）のレシピは失われました。けれど、ずっと古い時代のローマ人は、ガラスを赤紫にする方法も知っていたようです。その証拠が、ロンドンの英国博物館に展示してある4世紀の「リュクルゴスの杯」。

金を使って着色し、反射光は緑、透過光は赤に見えるカップです。

金のコロイド カシウス紫は、ガラスのほか陶磁器の職人も使い、真紅の出る釉薬《ゆうやく》をつくりました。しかし、金が黄色から真紅に変わる理由は、19世紀の中期まで200年間も謎のまま。真紅の色は、金の超微粒子が生んでいました。金の錯イオン溶液にスズを入れると、錯イオンが還元されて金に戻る。そのとき金の原子は、大きな塊ではなく、サイズが100万分の1㎜ほどの集合体＝クラスターになるのです。高校の化学でも教わる、微粒子が分散したコロイドです。コロイドという用語は、スコットランドの化学者トマス・グレアム（1805～69）がギリシャ語の *kolla*（糊）からつくりました。

牛乳も、小さな脂肪球が水中に分散したコロイドです。コロイド粒子は、サイズが可視光の波長くらいだから、決まった色の光を散乱する。牛乳は、脂肪球がどんな波長の光も散乱するので白く見える。けれど金コロイドの粒子は青～緑の光を強く散乱するため、赤い光が透過するのです。

コロイドの光散乱を解明したのは、19世紀中期の物理学者ジョン・チンダル（1820～93）。同じころ王立協会で彼の同僚だったマイケル・ファラデー（1791～1867）が、赤紫色の液体に塩を加えると青くなるのを見つけます。金の粒子が大きくなり、赤い光を散乱しやすくなるため、青い光が目に見えるのです。

金コロイド粒子の直接観察は、オーストリアの化学者リヒャルト・ジグモンディ（1865～1929）が発明した「限外顕微鏡」を使い、ようやく20世紀の初めにできました。コロイドの研究で彼は1925年のノーベル化学賞に輝きます。

ボーアの機転　赤い溶液が「黄金」を含むなど、誰にも想像できません。そこに目をつけたのが、デンマークの物理学者ニールス・ボーア（1885～1962）。戦争が始まり、ドイツがデンマークに侵攻した1940年、コペンハーゲンにいたドイツの物理学者マックス・フォン・ラウエ（1879～1960）とジェームス・フランク（1882～1964）が、ノーベル賞の金メダルをボーアに預けます。コペンハーゲンも安全とはいえません。戦費用の金がほしいドイツで、金の輸出は犯罪でした。たとえ占領地からでも、ドイツ人の名が彫ってあるメダルをもち出すと、まず逮捕は免れません。

ボーアの同僚だったハンガリー人のジェルジ・ヘヴェシ（1885～1966）が、金を王水に溶かしました。濃くて赤黒いコロイド溶液です。ラベルなしの瓶に溶液を入れ、実験室の棚になにげなく置いていたため、中身は誰も詮索しません。戦後、加熱で回収した金をメダルに鋳直し、二人の持ち主に返しています。

「貴い」理由

周期表上で銅の仲間なのに、金はものすごく不活性です。かなり安定な銅も、戸外では表面がゆっくりと変化します。なぜ金は変化しないのか？ つい最近わかった答えは、なんともややこしいものでした。[16]

金属の表面がくすむのは、表面の原子が気体分子の原子と結びつくからです。鉄の表面原子は酸素原子と結びつきやすく、赤っぽいサビ（酸化鉄）になる。銅は酸素や二酸化炭素とゆっくり反応して緑青《ろくしょう》（炭酸銅）などに変わっていく。銀も、空気中の硫黄化合物と反応して黒い硫化銀になります。

金は、ほかの金属と合金をつくるし、孤立原子ならいろんな元素と結合もしますが、表面はものすごく不活性。原子がもつ電子の性質が、たいへん特殊だからでした。

結合を嫌がる原子

化学結合は、2個の原子が電子を出しあい、その電子が対（ペア）になるから生まれます。ただし電子のペア形成は、原子どうしを結びつけるとはかぎりません。ダンスパーティーのカップルに似て、気が合うペアと、合わないペアがあるのです。気が合わない「反結合性」のペアは、原子どうしを反発させる。電子は「結合性」のペアになりたいところ、結合性ペアが十分にできてしまうと、反結合性ペアになるしかない。結合性と反結合性のペアが同数なら、原子どうしは結合できません。

金表面の電子がそんな状態にあることを、1995年にデンマーク工科大学のイェンス・ネルスコフとB・ハンメルが、高度な電子エネルギー計算で見つけました。金の電子は、やってきた原子の電子と、反結合性のペアをつくりたがる。つまり金の表面原子は「結合したくない」のです。銅にもそんな性質があって反応しにくいからこそ、銅の合金は硬貨に使うのですね。けれど反応しにくさは、つまり「貴さ」は、金のほうがずっと強いため、ほかの金属がくすんでも、金は輝きを失わないというわけです。

古代から知られ、いま誰もが知っている金という元素も、つい最近になってようやく、性質が「だいぶわかった」ことになります。古代エジプトの神官は、金が特別なものだと見抜いていました。なぜ特別なのかがわかるのに、6000年もかかったのです。

＊1　紀元前3500年ごろのエジプト王墓で出土した鉄器の素材は、隕石由来の鉄（隕鉄）だった。イヌイットも数百年来、北極圏に落ちた1個の巨大な隕石から鉄を得てきた。鉄の精錬が始まる前、天から降る鉄は金よりも貴重だった。古代エジプトで鉄を意味した *baa-en-pet* は、「空からの鉄」と解読できる。

＊2　ニュートンは、銀も使う「金銀本位制」の導入を主張した。けれど、金と銀それぞれの供給量が相対価値を変動させ、銀を買って金を売るか、金を買って銀を売る輩が出そうなので立ち消えになった。

第4章
7行に並ぶ自然界——周期表

昔々のこと、ある夏の日に受けた化学の最終試験で、小論文はニオブのことを書きました。誰も知らない元素について、なぜ長々と書けたのか？　水素からウランまでの92元素につき、性質をいちいち覚えていたわけではありません。けれどいまでも、周期表をチラリと見れば、ニオブの性質はわかるのですよ。

たとえばニオブの化学結合は、ふつう5本だが、4本以下や6本以上のこともある。やや軟らかい金属。密度は鉄より大きいが鉛よりは小さい。化合物はたいてい色をもつ。ニオブ原子どうしも結合する。性質はバナジウムに近く、もっと近いのはタンタル……。

点数はそれなりにもらえたと思います。書いた内容は、覚えていたわけではなく、周期表上の位置だけからわかること。周期表は、元素をただ並べたものではなく、性質や反応性などの情報もたっぷりと含むのですから。

ロシアのドミトリー・メンデレーエフ（１８３４〜１９０７）は、周期表を仕上げた１８６９年、ひとつ離れ業をやってのけました。未知元素いくつかの予言もしたのです。元素の存在だけでなく、反応性とか、密度・融点などの値さえも。

再び元素とは？　周期表の意味をつかむ前に、「元素とは何か」を考えましょう。ラヴォアジエは、「もう成分に分かれない物質＝単体」を元素とみました（第2章）。でも、分かれるかどうかは、そのときにある分析法の性能しだいですね。

彼が元素とみた「ライム」は酸化カルシウム、「マグネシア」は酸化マグネシウムだから、いまや元素ではありません。人類がカルシウムとマグネシウムを目にしたのは、ようやく１８０８年のこと。イタリアのアレッサンドロ・ヴォルタ（１７４５〜１８２８）が発明した電池を使い、英国のハンフリー・デーヴィー（１７７８〜１８２９）が電解法でつくりました。強く結びついた酸素を、ラヴォアジエの時代には切り離せなかったところ、電気の力で切り離したのです。デーヴィーは前年、同じ方法でナトリウムとカリウムも得ています。

では、いまの元素（単体）が成分に分かれないと、なぜわかるのでしょう？　また、もし元素が純粋なら、１９４１年の「水銀→金」変換（56ページ）はどう考えればいいのか？……そういうことをつかむには、原子の解剖を避けて通れません。以下、その旅路を振り返ることにしましょう。

ミクロの世界

アリストテレスは原子の実在を疑っていました。実験をしない古代なら無理もありません。しかしじつのところ19世紀末の先端科学者も、アリストテレスと五十歩百歩でした。たとえば1909年にノーベル化学賞を受賞するドイツのヴィルヘルム・オストヴァルト（1853〜1932）が、「原子など存在しない」と断じていたのです。

やがて風向きも変わり始めます。1908年にフランスのジャン・ペラン（1870〜1942）が、水に浮く花粉の動きを調べ、アインシュタイン（1879〜1955）の理論どおり、目に見えない水分子がぶつかるから動くのだと確かめました。それを知ってオストヴァルトも、しぶしぶ原子の実在を受け入れます。

ドルトンの記号　むろん、原子の実在を信じる人もいました。ペランからほぼ100年前の1800年に英国のドルトン（19ページ）が発表した原子の絵を受け入れる人びとです。ドルトンは原子を、さらに100年前のニュートンと同様、「中身が詰まった硬い粒」「永久不変の粒」とみます。彼はデモクリトスの ***atomos***（分割できないもの）から、原子を atom と命名。また、（いまでいう）単体や分子の「原子」を図5のように描きました。

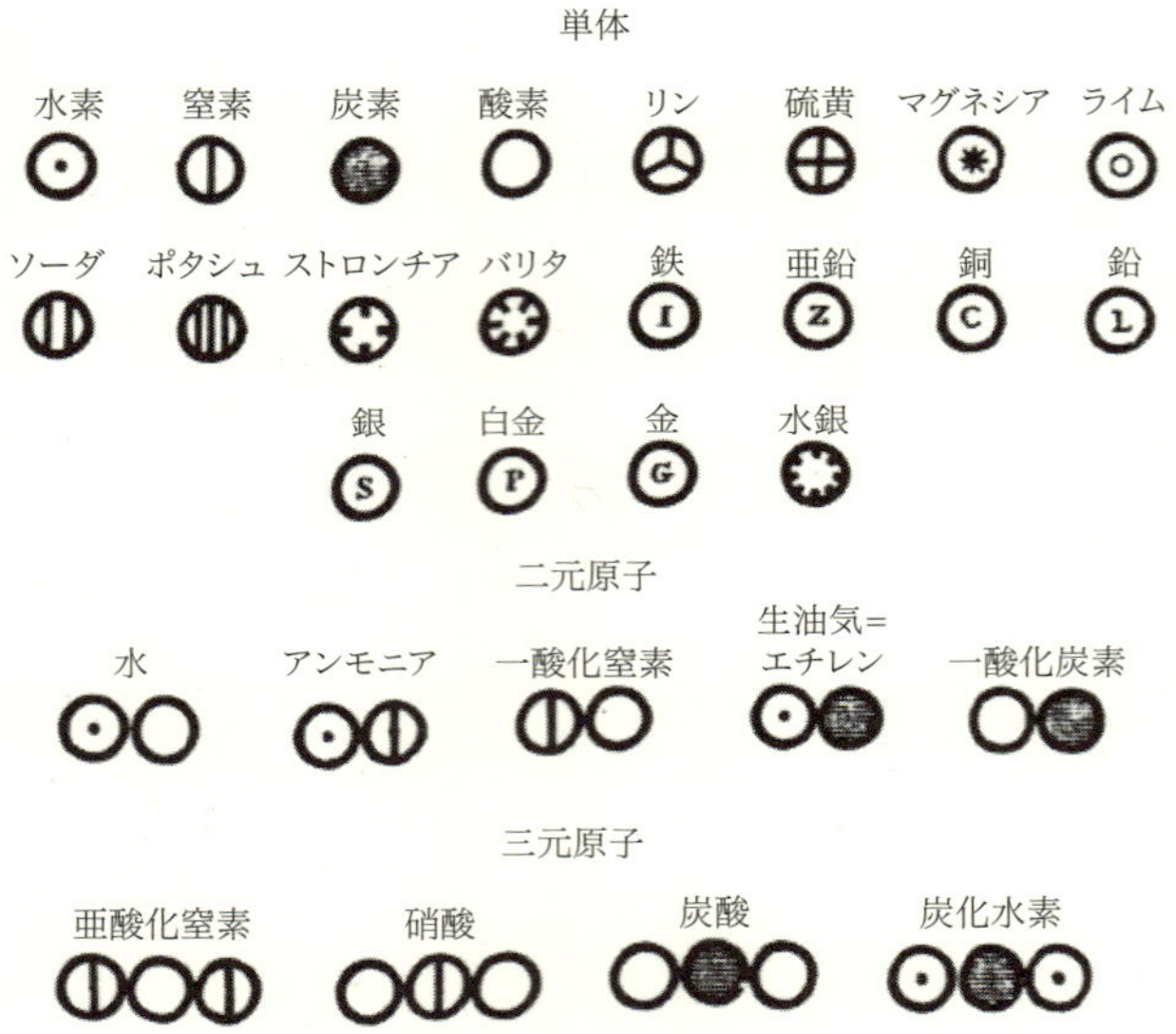

図5　ドルトンが発表した"原子の記号".

ドルトンは、原子の「中身」は考えず、「重さ」だけに注目します。同じ種類の原子なら重さは同じ。種類がちがえば重さもちがう。たとえば水素と酸素は、重さの比1対8で結びつく。原子が1個ずつ結びつくなら、相対的な重さ（つまり原子量）は、水素を1として酸素が8になる……というふうに。

いちばん軽い水素は、原子量の単位に使えます。ただしドルトンの「水原子（水素1個+酸素1個）」は誤りで、じつは水素2個が酸素1個と結びつくため、酸素の正しい原子量は16です。だからドルトンの原子量には誤りもありましたが、いずれ分析法が進んで正確になればいい、という雰囲気でした［測定に強いスウェーデンのイェンス・ベルセリウス（1779〜1848）が1818年、元素45個の原子量を発表］。元素を原子量のちがいで印象づけ、測定結果を考察しやすくしたのが、ドルトンの大きな手柄だったといえましょう。

ドルトンの原子説は、化学を定量科学にしました。天秤《てんびん》で物質の量を測ることの大切さは、ひと昔前のキャベンディッシュやプリーストリー、ラヴォアジエも承知でしたが、基礎理論がないと測定値も、観測結果の数値化にすぎない。川の深さを1点で測っても、巣の中にいる蟻を数えても、全体像はつかめません。まだそういう自覚のないラヴォアジエの時代に、目に見えない物質粒子など、どうでもいいことでした。

原子という粒が、いつも同じ個数ずつ結びついて「複合粒子」になるからこそ、元素どうし決まった比率で反応する。たとえば水銀の灰化では、決まった重さの酸素が結びつく。その現象を1799年、フランスの化学者ジョセフ＝ルイ・プルースト（1754〜1826）が「一定組成の法則」とよびました。当時は分析法が未熟で、同じ化合物でも組成が実験者ごとに変わったりしたため、万人が認めたわけではありませんが。

ドルトンは、『化学哲学の新体系（*A New System of Chemical Philosophy*）』にまとめた原子説の骨子を、1808年に発表します。原子や分子の記号は、目に見えるマクロ世界（たとえば水素と酸素から水ができる事実）と、見えないミクロ世界（原子どうしの結びつき）を橋架けするものでした。英国レスター大学の化学史家ウィリアム・ブロック（１９３６〜）に言わせると、ドルトンの元素記号は、「素人に原子の実在を信じさせ、化学者には複雑な化学反応を想像させた。……ラヴォアジエもドルトンも、マクロ世界（化学変化）とミクロ世界をつないで化学革命をなしとげたのだ[1]」

ベルセリウスの元素記号　でもそれほど単純な話ではありません。まず、古代エジプトの象形文字《ヒエログリフ》に似た記号は、印刷工泣かせでした。数年後にベルセリウスが文字の元素記号を提案して、印刷工もホッとします。ベルセリウスは、元素名は原則イニシャルの1文字とし、同じ文字になる元素は2文字にしようと提案。つまり、水素（hydrogen）はH、酸素（oxygen）はO、炭素（carbon）はCでも、コバルト（cobalt）は炭素と区別してCoと書く。英語圏の人なら、Coは銅（copper）にぴったりだと思うでしょうが、ベルセリウスの頭にあったのは英語ではなくラテン語です。だから銅（ラテン語 *cuprum*）はCu、金（*aurum*）はAu、鉄（*ferrum*）はFeになりました。

また彼は、複数の元素が1対1以外の比で結合した化合物を表すのに、原子数を上つきの数字で書こうと提案。19世紀の後半から原子数を下つきの数字で書くようになったため、いま水はH^2Oと書くのですね。

ベルセリウスの元素記号はドルトンの「絵文字」よりわかりやすいのですが、ドルトン自身は不満たらたら。「文字の記号は気色悪い」「科学のプロをまごつかせ、初学者のやる気をくじき、原子論の美と単純さを損なう」とけなしています[2]。

それにも一理ありました。粗雑なドルトンの記号も、アルファベットよりイメージ喚起力が強いのです。たとえばベンゼンをC^6H^6、ジメチルエーテルをC^2H^6Oと書いたとき、元素の比率はわかっても、化合物の姿は想像しにくい。まぁ19世紀なら、H^2Oを見て、HHOかHOHか、それとも三角形かと気に病む化学者はほとんどいません(ドルトンの記号なら、つながりかたも命ですが)。分子の形も考えるようになったのは、19世紀の中期からです。また、先ほど書いたとおり、19世紀の末でさえ、原子そのものを疑い、ましてつながりかたなど気にしない人もいたため、まだ大問題ではありませんでした。

「原質」の復活

ドルトンの原子説は、原子に現実味を与えるかたわら、新しい動きも生みました。万物の基本成分、ただひとつの「原質」を追い求める動きです。

ドルトンは、ビリヤードの赤玉と黒玉のように、元素それぞれを区別しました。むろん区別の指標は色ではなく、原子の重さです。根拠などない雑な絵も、元素それぞれが個性をもち、

「永久不変」だというイメージを広めました。

ほんとうに永久不変？ ファラデーなどは「永久不変」派で、錬金術の元素変換を受け入れません。けれど、受け入れてもいいと思う人も出てきます。条件さえ整えれば、元素も変わりあうのではないか？

プラウトの仮説

ドルトンの元素は、重さだけがちがいます。その重さが、水素原子の整数倍に見えました。すると、どんな元素も水素原子からできるのでは……？

その考えを1815年、英国の化学者ウィリアム・プラウト（1785〜1850）が発表します。彼は水素原子を、古代ギリシャの「原質」（第1章）に似た「あらゆる元素の素材」とみたのです。それなら、元素変換もありうることになりますね。

プラウトに賛同する人もいました。1840年代にフランスの化学者ジャン＝バティスト・デュマ（1800〜84）が、水素の整数倍ではない原子量もあることを考え、プラウトの仮説を「洗練」します。塩素の原子量は35・5だから（プラウト自身は35・5も無理やり近い整数にしましたが）、基本粒子は水素原子の半分か4分の1だろう。基本粒子は、古代ギリシャ語の呼び名にちなんで、原質（protyle）と名づけられました。

しかし、水素原子が二つや四つに割れる証拠はないし、元素変換をした人もいません。デュマはなぜ「原子の分割」を信じたのでしょう？ 1870年代に天文学者のノーマン・ロッキャー（1836～1920）が、要するに条件の問題だと見抜きます。恒星内部のような超高温・超高圧があれば、元素も変わりあうのだと。

星が進める元素進化

1869年にロッキャーは新元素を見つけます。地上には存在せず、太陽光の中に指紋を残す元素でした。どの原子も元素ごとに決まった波長の光を吸収するため、太陽光のスペクトル（プリズムで分けたもの全体）には、太陽の「大気圏」にある元素が光を吸収するせいで、バーコードのような細くて黒い帯ができる。既知元素のどれにも合わない吸収線を見つけた彼は、未知元素だと確信します。ほぼ同時に、フランスの天文学者ピエール・ジャンサン（1824～1907）も同じ線を見つけ、新元素はギリシャ語の *helios*（太陽）からヘリウムと名づけられました。

ヘリウムはいちばん軽い貴ガスです（第7章）。反応性がないばかりか、軽いから宇宙に逃げるため地球上にはほとんどなく、それまで見つからなかったのです（ロッキャーとジャンサンの発見から27年後、地球上にも見つかりますが）。

ロッキャーは太陽光スペクトルの研究から、太陽は元素のるつぼだと見抜きました。元素はどこから来るのだろう？　1873年に彼は、高温のため青白色に見える星の中では、物質も原子も成分（デュマの「原質」）に分かれているという説を、1887年の本『太陽の化学（*Chemistry of the Sun*）』にまとめます。星が冷えるとき、成分どうしが結びついて原子に戻る。ヘリウムなど一部の元素は地球上に存在しない、というわけです。

ロッキャーはこう考えました。星を生むチリの集まりは、たいていの元素を含んでいる。物質が集まるほどに重力が増え、中心部の超高温・超高圧が原子を「原質」に分ける。収縮を続けながら星が寿命に近づいて、黄色～赤色になるころ、原質から、どんどん重い元素の原子ができる。つまり星の中では、生物進化に似た「元素進化」が進むのだ、と。

ロッキャーの理論は1914年、自身が創刊した『ネイチャー』誌に載りました。けれど当時はもう、原子の成分が何かも、原子が分割や変身をするのかも、地球上で実験すればわかることでした。実験の結果が、ある意味、「原質」を追い求めたプラウト、デュマ、ロッキャー自身の正しさを明らかにしていくのです。

原子の中身

1911年に、英国マンチェスター大学の物理学者アーネスト・ラザフォード（1871～1937）が、「原子の中身」に迫ります。実験材料にしたのは金。祭壇画を金箔《きんぱく》できらびやかに飾った中世の芸術家も知っていたとおり、たたけばうんと薄く延び、数原子分の厚みしかない箔になるからです。原子の「中身」を探るには、ギリギリ薄くする必要があります。向こうが透けて見えるほどの金箔でした。

原子はスカスカ

「原子は硬いもの――子どものころから、そう教わってきた」と回想する彼は、そんなものではないと見つけます。なんと原子はスカスカでした。学生だったハンス・ガイガー（1882～1945。ガイガー計数管の発明者）、アーネスト・マースデン（1889～1970）とともに、放射性元素が出すα《アルファ》粒子（ヘリウム原子核）を金箔にぶつけたところ、ほとんどのα粒子は金箔をまっすぐ通り抜けたのです。

弾丸なら、金箔を通り抜けても不思議ではありません。でも、相対質量2のα粒子は、197の金原子よりずっと軽い。金箔がどれほど薄くても、ラザフォード少年が教わったように金の原子が「硬い」ものなら、α粒子を通すはずはないのです。

もっと想定外のことも見つかります。ごく一部ながら、α粒子は跳ね返りました。つまり原子は「完全にスカスカ」ではない。ラザフォードの回想――「あんなに驚いたことはない。なにせ、40㎝の砲弾をティッシュ1枚がはね返したような話だから[3]」

3人は原子核を見つけたのです。ラザフォードはこう結論しました。原子はほとんどスカスカだ。超高密度の核が、質量のほぼ全部を占める。核のサイズは原子のほぼ1万分の1しかない。正電荷のα粒子を跳ね返す核は、正電荷をもっているのだろう。核のまわりに、「絶対値は同じだが電荷は負の雲」がある……。

ボーアのモデル

そのイメージを、デンマークの物理学者ボーア（65ページ）が深めます。当時の人びとは、原子の中に、J・J・トムソン（1856〜1940）が1897年に見つけた電子（負電荷の粒）があると知っていました。ボーアは1911年、ケンブリッジのトムソン研究室に留学した直後、トムソンの性格に嫌気がさして、マンチェスターのラザフォード研究室に移ります。1912年につくった原子モデルを翌年の論文にまとめ、それがノーベル物理学賞（1922年）につながりました。

太陽系の惑星に似て、核のまわりを電子が回るボーアの原子は、ラザフォードの想像に近いものでした。ボーアの手柄は、原子がなぜ安定なのかを説明できたこと。従来の物理だと、軌道を回る電子は光の形でエネルギーを失い、一瞬のうちに核と合体するはずでした。けれど、20世紀の初めにアインシュタインやマックス・プランク（1858〜1947）が唱えた量子論を使うと、原子の安定性が説明できたのです。

ボーアの原子は、ドルトンのずっと先を行くものでした。少なくとも電子と核に「分割」できるし、「ぎっしり詰まった」ものでもありません。「サイズ」もきちんとは決まらず、電子軌道の広がりでぼんやりと決まるだけ。

核の内容　原子核はどうなのか？ ラザフォードは、正電荷の粒子からできているとみました。いちばん軽い水素原子には1個だけあり、それをプロトン＝陽子と名づけます（1920年）。古代ギリシャの原質（*prote hyle*）からの命名です。ヘリウムの原子核（α粒

図6　原子の惑星モデルを使うロゴ．（a）シカゴ大学物理学科，（b）国際原子力機関 IAEA．

子）は、正電荷が水素原子の2倍だから、2個の陽子をもっている。つまりプラウト説の確認ですね。原子核が陽子の集まりなら、どんな元素も水素原子からできているとみてよさそう。

いや、ちがう……とやがてラザフォードは悟ります。α粒子の正電荷は水素原子の2倍でも、質量は4倍だ。すると核には、質量は陽子と同じでも、電荷ゼロの粒子がなければいけない。彼の学生ジェームズ・チャドウィック（1891〜1974）が1932年にそれを実験で見つけ、中性子と命名します。

いまの知識でいうとボーアの原子は、質量が陽子の1800分の1しかない電子が、超高密度の陽子と中性子からできた核のまわりを回るもの。もしも巨大な力で物質を押しつぶし、原子核だけの塊にできたとすれば、1cm^3の重さが100万トンにもなるのです[*1]。

わかりやすい原子の惑星モデルを、科学関係の組織がよくロゴに使います（図6）。国際原子力機関IAEAのロゴも、ひと目で原子力関係だとわかりますね。そんなロゴで市民に科学を意識させたいのでしょう。

科学意識の喚起はいいことですが、惑星モデルは完璧にまちがっています。電子は惑星のように楕円軌道を回ったりしない。量子力学に従う電子の居場所は決まらない。ある電子がどこにいるのかは言えず、ある領域・時刻に電子が見つかる確率がわかるだけ。電子のような微粒子は、波の性質もくっきりと示すからです。

電子の雲　核のまわりにある電子は、巣のまわりを飛び交うハチの群れや、雲のようなもの。その雲＝電子雲にも、すっきりした土星の輪とはちがって、球形やダンベル形、出っ張りだらけの形などがある。そういう雲を電子の「軌道」といいます。

ヘリウムは不活性なのに、なぜナトリウムは活性なのか？　その答えも量子論がくれました。水素原子2個が結びついて水素分子になるわけも、炭素原子が4本の結合をつくりながらダイヤモンドになるわけも、量子論が浮き彫りにしたのです。

周期表を正しく「読む」にも、量子論は欠かせません。その説明をする前に、周期表の誕生と進化の歴史を振り返りましょう。

周期表の誕生史

米国の化学者バーナード・ヤッフェ（1896〜1986）の名著『るつぼ——化学の物語（*Crucibles : The Story of Chemistry*）』は、いまなお読み継がれている化学の普及書です。初版が1930年の同書は、大物たちの生きかたを紹介しつつ、化学の発展史をたどります。ただし、化学史事典のようなものを期待する人には勧めません。伝説や風説の類も正面からとり上げ、ときには冗談めいた筆致で、科学者の仕事を追いかけた本ですから。

ヤッフェの筆にかかると、かのメンデレーエフも、「髭もじゃの奇人」、「ロシア皇帝アレクサンドル三世との面会前でさえ散髪しないタタール人」、「夢見る哲学者」、元素の並びを「夢の中でも考えた」人間になります。

シベリアの奥地に住むコサック族、「勇敢な開拓者一族」に生まれたメンデレーエフは1884年、英国のウィリアム・ラムゼー卿（1852〜1916）に会って、強烈な印象を残します。その10年ほどあとに貴ガスの大半を見つけるラムゼー（162ページ）は、こんな感想をもったとか。「それなりの人物だとは思うが……未開のカルムイク人（ロシアの少数民族）みたいだったな(4)」

なぜかヤッフェは書いていないのですが、メンデレーエフ自身、自分が夢想家だと他人に印象づけたい人だったらしく、周期表発見の瞬間をこう回想しています。「正しい表を夢にみた。目覚めてすぐ紙に書きとめた(5)」。まぁ真相は神のみぞ知る。ほかに、三日三晩ほど考え抜き、元素記号のカードを並べながら正解にたどり着いた、という風説もあります。

19世紀の人びとは、夢をみてひらめく話が好きでした。ベンゼン分子の構造を決めたアウグスト・ケクレ（1829〜96）も、六角形を夢にみたとか。けれど、風説や当人の言い分を盲信すると、新発見を生む別の大事なことに目が行きません。先人の足跡ですね。*2

ケクレもメンデレーエフも、問題を「一から解いた」わけではありません。すでに何人もとり組んでいます。元素表をつくったのも、元素の周期性を見つけたのも、メンデレーエフが初ではない。機が熟すと、多くの人がほぼ同じことを思いつくのです。ダーウィンの進化論も、アルフレッド・ウォレス（1823〜1913）が自分の発想を（親友のダーウィンに知らせず）すぐさま出版していたなら、いま「ウォレスの進化論」とよぶことでしょう。

周期表の父も、ドイツの化学者ユリウス・ロタール＝マイヤー（1830〜95）が自分の元素表を（1870年ではなく）1868年に発表していたら、メンデレーエフではなく彼になったでしょう。1860年代に、周期律の発見は必然の流れだったのです。

三つ組み元素　ラヴォアジエが33元素の表を発表した1789年以降、多くの化学者が元素の分類を考えました。ラヴォアジエは元素を気体・非金属・金属・土類（ライム、マグネシアなど）に分類しただけですが、元素が少し増えた1829年にはドイツのヨハン・デーベライナー（1780〜1849）が、性質のよく似た「三つ組み元素」を見つけます。軟らかい活性な金属のリチウム・ナトリウム・カリウムや、刺激臭と毒性をもち、気体に色がある塩素・臭素・ヨウ素などの組です。さらに、それぞれ中央にある元素は、原子量が両端元素のほぼ平均値になることもわかりました。

ドイツの化学者レオポルト・グメリン（1788〜1853）が1843年ごろ、三つ組み10個のほか、「四つ組み」3個、「五つ組み」1個も見つけます。デュマも1857年、金属群どうしに関連があると気づきました。どうやら元素にはファミリーがある。科学では、「構成原理」をもとに全貌をつかむ場面が多いけれど、元素世界の秩序をつかむには、一部の元素に成り立つ関係ではなく、元素全体を統一する原理のようなものが欠かせません。

カールスルーエ会議

そんな原理のひとつを1860年、イタリアの化学者スタニスラオ・カニッツァロ（1826〜1910）が、ドイツ・カールスルーエの国際化学会議で発表し、リーフレットにもして配ります。いまの値に近い原子量の表でした。その表を見て、出席していたメンデレーエフやロタール＝マイヤーが大いに心を引かれます。

いまの記号を使うと、会議の16年前に死んだドルトンは、気体の水素をH、酸素をOとみていました。けれどイタリアのアメデオ・アヴォガドロ（1776〜1856）が、実験結果に合うのは「水素H^2・酸素O^2」だと証明します。それをもとに改訂した原子量を、同国人のカニッツァロがカールスルーエで発表したのです。

会議のあとリーフレットを読んで「目からウロコが落ちた」ロタール＝マイヤーは1864年、原子価（結合の本数）で分類した元素の表を発表します。たとえば、メタン（CH^4）をつくる炭素の原子価が4だということは、1858年にケクレが見つけていました。ロタール＝マイヤーは、当時知られていた49元素の原子価を眺め、原子価の同じ元素は性質も似ているのに気づきます。リチウム・ナトリウム・カリウムや、塩素・臭素・ヨウ素は、どちらも原子価1のグループでした。

オドリングとニューランズ　1864年には英国の化学者ウィリアム・オドリング（1829〜1921）も、物理的・化学的性質で分類した元素の表を発表しました。いまとまったく同様、酸素・硫黄・セレン・テルルも、窒素・リン・ヒ素・アンチモン・ビスマスも、同じ仲間にしています。それに気づいたのは1850年代なので、メンデレーエフの10年も前、オドリングは正しい周期表に迫っていたのです。

英国の化学者ジョン・ニューランズ（1837〜98）は、元素を原子量順に並べたとき、8個か16個ごとに似た元素が現れるのに気づきました。音階のオクターブそっくりだ……と1964年、数篇の論文に発表します。1866年にはロンドン化学会で口頭発表しますが、居並ぶ学者たちは「偶然ですよ」とあざ笑い、ある出席者など「アルファベット順でもよろしいのでは？」とからかったほど。しかし3年後、メンデレーエフの周期表も「オクターブ則」を表すと判明します。だから化学会も考え直して1887年、ニューランズに王立協会の栄誉あるデーヴィー・メダルを授与しました。

メンデレーエフの快挙　こうした数々の先例はあるし、メンデレーエフの周期表第1号

（図7）は現在の周期表（図8）とはだいぶちがうのですが、それでも彼の貢献は大きいのです。元素の並びがほぼ正しいばかりか、未知の元素を空席（表中の「?」）にしてもいたのですから。

元素の空席にはオドリング（86ページ）も気づいていました。けれどメンデレーエフは、性質をかなり正しく予言したうえ、トリウムなど一部の元素につき、それまで報告されていた原子量の値を（やはり正しく）疑うこともできたのです。

表の中の空席はひとつずつ埋まっていきます。アルミニウムの下にくる「エカアルミニウム」は1875年、フランスのポール＝エミール・ルコック・ド・ボアボードラン（1838〜1912）が見つけてガリウムと命名。[*3] 1886年にはドイツのクレメンス・ヴィンクラー（1838〜1904）が「エカケイ素」を見つけ、ドイツの旧名ゲルマニアからゲルマニウムと名づけました。

ガリウムを見つけたときボアボードランは、メンデレーエフの周期表も予言も知りませんでした。もう予言ずみだと知って逆上したのか、密度が「エカアルミニウム」とはずいぶんちがうから、メンデレーエフの予言とは関係ないのだと主張します。しかし以後のくわしい測定で、ボアボードランにとっては残念なことに、ガリウムの密度はほぼメンデレーエフの予言どおりだと判明しました。

ОПЫТЪ СИСТЕМЫ ЭЛЕМЕНТОВЪ.

ОСНОВАННОЙ НА ИХЪ АТОМНОМЪ ВѢСѢ И ХИМИЧЕСКОМЪ СХОДСТВѢ.

			Ti=50	Zr=90	?=180.
			V=51	Nb=94	Ta=182.
			Cr=52	Mo=96	W=186.
			Mn=55	Rh=104,4	Pt=197,4
			Fe=56	Rn=104,4	Ir=198.
			Ni=Co=59	Pl=106,6	Os=199.
H=1			Cu=63,4	Ag=108	Hg=200.
	Be=9,4	Mg=24	Zn=65,2	Cd=112	
	B=11	Al=27,4	?=68	Ur=116	Au=197?
	C=12	Si=28	?=70	Sn=118	
	N=14	P=31	As=75	Sb=122	Bi=210?
	O=16	S=32	Se=79,4	Te=128?	
	F=19	Cl=35,5	Br=80	I=127	
Li=7	Na=23	K=39	Rb=85,4	Cs=133	Tl=204.
		Ca=40	Sr=87,6	Ba=137	Pb=207.
		?=45	Ce=92		
		?Er=56	La=94		
		?Yt=60	Di=95		
		?In=75,6	Th=118?		

Д. Менделѣевъ

図7　原子量で元素を並べたメンデレーエフの周期表（1869 年）．標題は“元素システムの概要”．

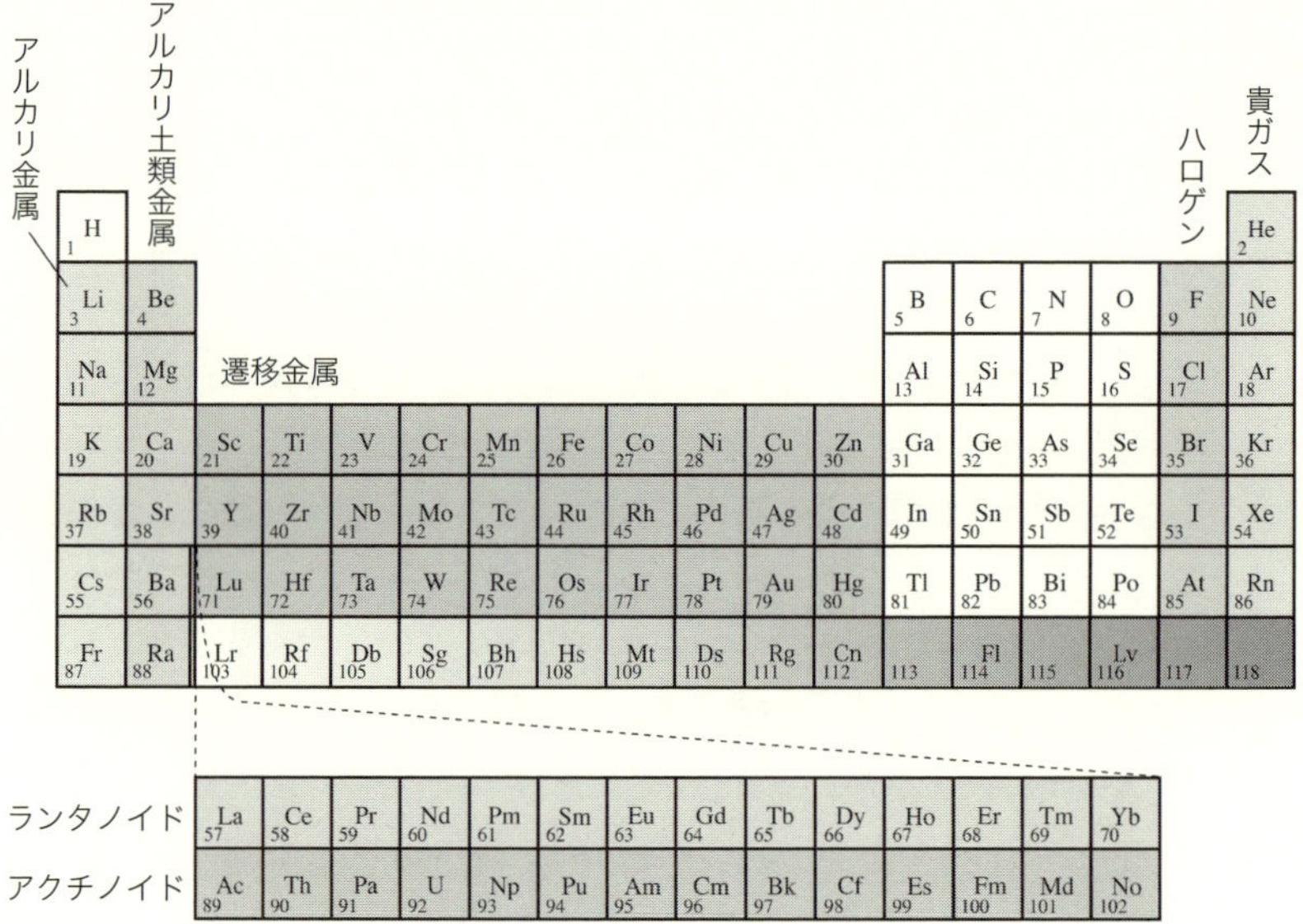

図8　原子番号で元素を並べる現在の周期表*.

＊［訳注］原著刊行時点では未決だった110, 111, 112, 114, 116番の元素記号を追加してある（126ページ参照）.

周期表の進化

メンデレーエフの周期表は少しずつ変わっていきました。ほぼ最後となる1902年版は、新元素（19世紀末から見つかるヘリウム・ネオン・アルゴン・クリプトン・キセノンなど貴ガスほか）がどっと増えたし、元素の並びもだいぶ変わっています。また、「ふつうの表ではない周期表」もいくつか提案されていました。

たとえば英国の化学者ウィリアム・クルックス（1832〜1919）が、ロッキャーの「元素は星の内部で進化」という発想もとりこんだ渦巻き型を考案。クルックスは、自身が発明した放電管＝クルックス管内にできるプラズマみたいなものから原子が生まれたと考えました（クルックス管内にあるのはイオンだから、原子の成分ではないのですが）。原子は振動電場が生み、電場の「うねり」が元素の周期性につながる……という（いまからみれば突拍子もない）発想を1888年に、「連珠形らせん」周期表の形で発表します（図9）。

らせん形や円形の周期表はほかにもあります。第1号を1862年、フランスの地質学者ベギエ・ド・シャンクルトワ（1820〜86）が発表しました。円筒の表面に元素をらせん状に並べ、らせんの進みが性質の周期性を表します。似たものを1867年にもデンマーク系米国人のグスタフ・ヒンリクス（1836〜1923）が考案。しかし、周期がひとつに決まってしまうらせん形は、さほど広まりませんでした。

周期性　元素の周期は、ひとつではないのです。メンデレーエフの第1号（図7）も、現

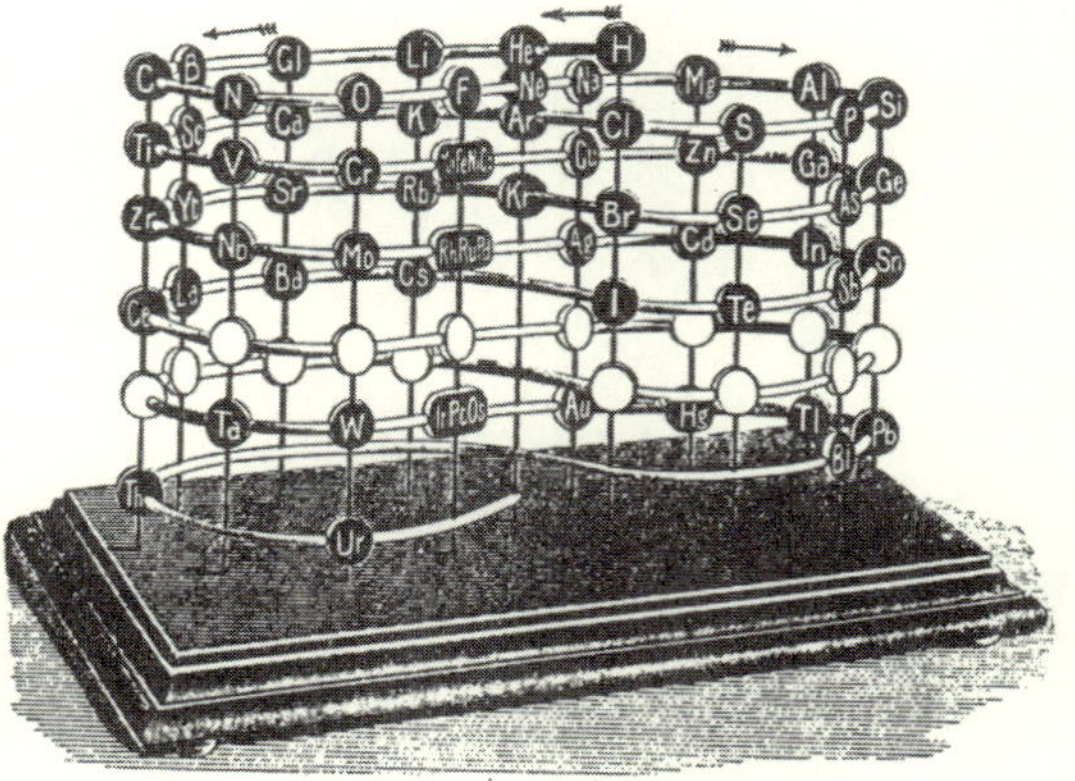

図９　クルックスの“連珠形らせん”周期表.

代版（図8）も、形がだいぶいびつですね。1行目は水素・ヘリウムだけだから、水素は左上、ヘリウムは右上と分かれます[*4]。2・3行目には元素8個があり、左の2個（金属）と右の6個（アルミニウムを除いて非金属）に分かれるのです。

4行目と5行目は、左の2個に元素10個が続き、右側の6個も足して18個。周期表の中央に集まる3×10個の元素はみな金属だから、遷移金属とよびます。

6行目には14個の元素が割りこみ、そのままだと表が横に長すぎるため、14個（または15個）を欄外に追いやるのが定石です。14個の元素は7行目にもあり、いまは6行目の15個をランタノイド（または希土類＝レアアース。7章）、7行目の15個をアクチノイドとよびます。

行（周期）を下にたどると、元素の数は2個・

8個・8個・18個・18個・32（＝18＋14）個・32個ですね。つまり元素の「周期性」は不規則なのです。周期表をいびつな形にするこうした数は、いったい何を意味するのか？　メンデレーエフの時代、答えは誰にもわかっていません。量子論ができてようやくわかるのですから。

周期表の解読

原子量は、周期表の「左→右」でも「上→下」でも増えるけれど、隣どうしの増え分は場所ごとにちがいます。じつのところ元素を並べる指標は、原子量ではなく、（やがて「原子番号」とよばれる）陽子の数でした。それを1913年に突き止めたのが、27歳の若さで戦死する英国の物理学者ヘンリー・モーズリー（1887〜1915）です。

重さから番号へ　元素の原子量は、質量がほぼ同じ陽子と中性子の合計数をおおよそ表します。軽い元素ならほぼ「陽子数＝中性子数」で、重い元素ほど中性子が多くなるけれど、元素の個性は、陽子数＝電子数＝原子番号が決めるのです（ラザフォードが陽子の存在をつかむ1911年まで、原子番号という発想はありませんでした）。

ともかく元素の性質は、電子数が決める。原子どうしの結合には、2個の原子が電子を1個ずつ出しあって「握手する」共有結合と、電子をやりとりしてできた正電荷と負電荷が引きあう「イオン結合」があります。どちらの場合も、電子が「糊」の働きをするのです。

炭素原子1個が水素原子4個と「握手」すれば、メタン分子ができ上がります。かたや、ナトリウム原子が塩素原子に電子を渡し、正電荷のナトリウムイオンと負電荷の塩化物イオンが電気力で引きあうと、食塩（塩化ナトリウム）ができます。

結合に「使える」電子の数が、元素の原子価です。電子1個の水素を除き、結合に使える電子は、電子全部ではなく、原子核からいちばん遠い（エネルギーが高い）電子だけ。

量子論で計算すると、電子はさまざまな「殻《かく》（シェル）」に入っているとわかります。入れる電子の数は、最初の殻が2個、次が8個、その次が18個となり、それが周期表の「マジックナンバー」だというわけです。

2番目以降の殻には「副殻」もあります。第2殻は、電子2個が入る副殻と、6個が入る副殻をもつ。第3殻の副殻は三つあり、それぞれ電子2個・6個・10個が入る。第4殻なら副殻は四つで、電子2個・6個・10個・14個が入ります。

原子番号が増すにつれ、電子は殻や副殻を順々に占めていきます。ある殻と次の殻が重なったりもするため、第3殻の最終副殻に入る前、第4殻の第1副殻に入る、というややこしいことも起きますが、ともかくそんな事情から、「不規則な周期」が生まれるのです。

周期性の根元

電子の入りかたは、ある殻と次の殻で似ています。それが「周期性」を生む。どの原子も、殻を満杯にしたい。電子1個を失って満杯の殻を残すのが、リチウム・ナトリウム・カリウムなど。かたや炭素やケイ素は、ほかの原子と電子を共有して満杯の殻をつくります。ロタール＝マイヤーの見つけた「原子価の周期性」がまさにそれでした。周期表の右端に並ぶ貴ガスは、殻がもともと満杯なので、結合する「必要」がありません。

そういうわけだから、本章の冒頭で触れたニオブの性質も、周期表上の位置さえ知っていれば予想できるのです。金属は左側、非金属は右側にある。列（族）の番号から原子価（結合の数）がわかる。周期表の中で下にある元素ほど反応性は小さい……などなど。テストでいい点をとりたいとき、意味をつかんでいる学生や生徒にとって、周期表は絶好のカンニングペーパーになるのですね。

＊1　「中性子星」の姿がそれ。超高圧の中心部には原子など存在できない。

＊2　科学史家の一部は、メンデレーエフの「夢」も、カードを並べながら周期表を完成したという話も、眉唾だとみている。

＊3　ラテン語の *Gallia* はフランスの旧名。だが綴りの似たラテン語 *gallus* は雄鶏を意味し、そのフランス語は *le coq*（ボアボードランの名前の一部）。元素名ガリウムの由来が前者なら愛国主義、後者ならボアボードランの自己主

張だったといえよう。

*4　水素の置き場所については、アルカリ金属のトップ、ハロゲンのトップ、あるいは両方……と決定版はない［訳注：米国の教科書では「両方」を見かける］。ヘリウムとセットでほかから孤立させるのが、ベストのやりかただろう。

第5章

よみがえる錬金術

——元素変換

元素は何個あるのでしょう？　じつは誰も知りません。天然の元素なら、原子番号1の水素から92のウランまで[*1]。けれど、何個までありうるのかは、まだわからないのです。

20世紀の中ごろから科学者は、地球上にない元素をつくり、周期表を拡げてきました。未踏の原野を手探りで歩むような、核化学の分野です。ふつう化学の研究では、原子の結合を組み替えて新しい分子や化合物をつくります。かたや核化学では、核子《かくし》（陽子や中性子）の結合を組み替えて核そのものを変え、新しい元素にします[(1)]。

錬金術師が元素変換に失敗したのは、いまの言葉でいうと、彼らの使った熱エネルギーが、核子の結合エネルギーより何桁も小さいからでした。陽子数（つまり元素）を変えるには、莫大なエネルギーがいるのです。

突破口は、19世紀末に起きた放射能の発見でした。化学の領域を大きく広げた半面、人類の未来に影を落とした事件でもあります。皮切りの舞台はパリの物理・化学学校、雨漏りがする木造の小屋。マリー・キュリー（１８６７〜１９３４）と夫ピエール（１８５９〜１９０６）の実験室です。

放射能

女性科学者がまだ奇人にみられた１８９１年、ポーランド生まれのマリア・スクロドフスカがパリ大学に入学します。４年後の１８９５年にピエール教授と結ばれ、夫とともに、ウラン鉱物の出す不思議な「線」の研究を開始。前年の１８９６年にアンリ・ベクレル（１８５２〜１９０８）が見つけていた線です。そのベクレルは当時、やはり前年にドイツのヴィルヘルム・レントゲン（１８４５〜１９２３）が見つけた別の「線」を調べています。陰極線管（クルックス管。90ページ）から出て蛍光スクリーンを光らせる線でした。

19世紀末の物理学者がよく実験に使った陰極線管は、真空に引いたガラス管内の電極に電圧をかけ、陰極から出る陰極線（第４章で紹介したＪ・Ｊ・トムソンが「電子」と証明）を陽極に当てる仕掛けでした。それを応用したのが、電子ビームを画面の蛍光体にぶつけて光らせるブラウン管式のテレビです（１６６ページ）。

X線と放射能

でもレントゲンが見つけた線は、陰極線ではありません。陰極線を浴びたガラス管から出ていました。管外のガラスをも光らせ、黒い紙も通り抜ける不思議な線。蛍光スクリーンに線を当て、線の通路に手を置くと、スクリーン上に手の骨が映りました。「素性のわからない線」という意味で、レントゲンは「X線」と命名します。

ベクレルは、天然の蛍光物質もX線を出すのではと思い、それを調べていました。1789年にドイツの化学者マーティン・クラプロート（1743～1817）が見つけたウラン鉱物は、太陽光が当たると蛍光を出す。あるときベクレルは、ウラン化合物を紙に包み、暗い抽斗《ひきだし》に入れておきました。たまたま包みの下に写真乾板《かんぱん》があり、数日後に抽斗を開けてみると、化合物の影が乾板に写っています。ウラン化合物の出す線、X線でも蛍光でもない線が、乾板を感光させたのです。

キュリー夫妻は1898年、その線を「放射能」と名づけた論文を発表します。トリウムにも放射能がありました。また、ピッチブレンドというウラン鉱石が別の放射性元素2種を含むとわかり、それぞれポロニウム（マリーの母国ポーランドから）、ラジウム（放射＝radiationから）と命名します。二人は2年ほどかけ、数トンのウラン鉱石からポロニウム化合物とラジウム化合物を分けとりました。それが放射線傷害を生み、マリーは1943年に白血病で他界します。夫ピエールも、1906年に交通事故死しなければ、がんに命を奪われたでしょう。

図10　核物理・核化学の巨人ラザフォード（1871〜1937）．

1903年、マリー・キュリーと夫ピエール、ベクレルの3名が、放射能の研究でノーベル物理学賞に輝きます。

5年後の1908年に化学賞をとるニュージーランド生まれの陽気な物理学者アーネスト・ラザフォード（図10）は、「僕が物理学賞じゃなかったのは、スウェーデン王室のジョークかね」が口癖でした。けれど授賞業績「元素の壊変と放射性物質の性質に関する研究」は、まちがいなく化学の新分野を拓いた仕事です。

ラザフォードの元素変換　ラザフォードは1899年、2種類の放射線を見つけてα《アルファ》粒子・β《ベータ》粒子と名づけ、まずα粒子がヘリウム原子核だと突き止めます。β粒子は「核から出る電子」でした。しばらくは、

「陽子と結びついた電子」が出ると思われていましたが、1932年にチャドウィックが中性子を見つけて（81ページ）疑問も氷解。核内で中性子が「陽子＋電子」に変身し、その電子が出るのでした（陽子は核内に残る）。

1900年にラザフォードと化学者フレデリック・ソディ（1877～1956）は、放射性トリウムの原子がラドン（貴ガス）を出すのを見つけます。原子番号がトリウムより4だけ小さいラドンは、いったいどこから来たのだろう？　調べてみると、トリウムが放射線を出して変身（壊変）した結果だとわかります。

つまり放射性元素は、安定になろうとして「核の切れ端」を捨て、そのときに核内の陽子数が変われば、別の元素になるのです。α壊変では「陽子2個＋中性子2個（ヘリウムの核）」が出て、原子番号が2だけ小さい元素になる。β壊変だと、中性子が「電子＋陽子」に分解し、核内に残る1個の陽子が、原子番号を1だけ増やすのですね。

1903年にラザフォードとソディは、壊変で出るエネルギーが「分子変化（化学反応のこと）に比べ、2万～100万倍も大きい」のを確かめます。つまり核は莫大なエネルギーを秘めている。とり出せたら……「実験室の阿呆が、うっかり全宇宙を吹き飛ばすかもしれん」[2]、と軽口の好きなラザフォード。ずっと控えめなソディはこう言いました。「エネルギー倉庫の扉は、どケチな〈自然〉が閉め切っている。開閉レバーに触れる人間は、地球を破壊できる武

器を手にしたことになる」(3)

ラザフォードは1919年に別の現象も見つけます。ラジウムの出すα粒子を窒素に当てたところ、核の陽子がたたき出され、炭素の原子になりました。不安定な放射性元素ではなく、完璧に安定な窒素の原子が炭素に変わったのです。当時の新聞はその発見を、「原子を破壊!」の大見出しで報じました。

壁を破ったサイクロトロン　同じやりかただと、重い元素ほど壊しにくくなります。重い核ほど陽子が多く、正電荷のα粒子を強い力で跳ね返す。ラジウムなど放射性原子の出すα粒子くらいでは、核の「電気バリアー」を突き破れないのです。

突き破るには、α粒子のスピードを上げればいい。正電荷のα粒子は、電場を使うと加速できます。1929年にカリフォルニア大学バークレー校の物理学者アーネスト・ローレンス(1901〜58)が、そんな装置=サイクロトロンをつくりました。粒子をぐるぐる回しながら加速させていく円形の装置です(まっすぐ加速するには、研究所の敷地をはみ出す長さになってしまうため、円形に設計しました)*2。

中性子と93・94番元素

中性子の発見には、ひとつ裏話があります。1920年代の末、ドイツの物理学者ヴァルター・ボーテ（１８９１〜１９５７）が、ベリリウムなど軽い原子にα粒子を当てると、大量の「放射」が出るのを発見しました。フレデリック（１９００〜５８）とイレーヌ（１８９７〜１９５６）のジョリオ＝キュリー夫妻は追試をして、「放射」がワックス＝炭化水素から陽子をたたき出すのを確かめました。

二人は「放射」をγ《ガンマ》線（光などと同じ電磁波の仲間）と推定します。けれど、γ線がワックスの陽子をたたき出すのは、豆鉄砲でボーリングの球を撃って走路を変えるようなもの。ボーテもジョリオ＝キュリー夫妻も、じつは中性子を見ていたのです。

そう悟ったチャドウィックは、他人が真実をつかむ前にとあわてて実験をくり返し、みごと中性子発見の栄誉を手にしました（１９３５年ノーベル物理学賞*3）。

フェルミの誤解　電荷ゼロの中性子は、核の静電反発を受けません。遅いボールが捕球しやすいのと似て、遅い中性子（熱中性子）は核にもぐりこみやすい。だから核物理学の大物ハンス・ベーテ（１９０６〜２００５）の目に、中性子の発見は転換点と映りました。

イタリアの物理学者エンリコ・フェルミ（１９０１〜５４）も、中性子を当てた核がどうなるのかを調べ始めます。中性子は、軽い元素の核から陽子やα粒子をたたき出せても、重元素の核からはたたき出せない。重元素の核はむしろ中性子を吸収し、核の成分にしてしまうようでした。そのあと核は、β粒子を出しながら壊変します。

それを知っていたフェルミは、こう予想しました。ウランに中性子をぶつけて吸わせれば、ウランより重い超ウラン元素ができる。中性子を吸った原子番号92のウランがβ壊変すると、中性子が陽子に変わり、陽子が1個だけ多い93番元素になるぞ……。

新元素はどうやって確認する？　ウランの試料中で93番に変わる原子は、せいぜい数千個です。β壊変するからガイガー計数管でつかまるはずですが、なにしろ試料自体も放射性なので、産物をウランから分ける必要があります。そこが化学者の出番。すでにキュリー夫妻の時代から、核化学＝放射化学が扱う元素は超微量で、高度な分離・分析法が欠かせません。ラヴォアジエの時代には想像さえできなかった技術です。

フェルミを助けた化学者は、オスカル・ダゴスティーノ（１９０１〜７５）。中性子をぶつけたウランから、β粒子を出すものができ、少なくとも82番（鉛）〜92番ではない。そこでフェルミは１９３４年、「超ウラン元素2種類の合成」を発表します。ぜひ命名も……とフェルミは、「93番」をアウセニウム、「94番」をヘスペリウムと名づけました。

いま周期表にそんな元素はありません。フェルミの93・94番は幻だったのです（それでも彼は１９３８年、「放射性元素の研究」でノーベル物理学賞を受賞）。ウランの試料に起きていたのは、もっとすごいことでした（真相の判明は１９３８年。１０６ページ）。

超ウラン元素の第1号

本物の超ウラン元素は１９３９年、バークレーで誕生しました。

エドウィン・マクミラン（１９０７〜９１）がサイクロトロン中で遅い中性子をウランにぶつけ、93番ができた気配をつかみます。周期表上で遷移金属レニウムの下にくる元素だから、性質もレニウムに近いだろう。しかし化学者エミリオ・セグレ（１９０５〜８９）と分析した結果、メンデレーエフなら「エカレニウム」とよぶ新元素の性質は、ランタノイド（91ページ）に似ています。要するに既知の元素か？……と彼らは肩を落としました。

けれど翌年、チームに加わった化学者フィリップ・エイベルソン（１９１３〜２００４）が調べ直し、「エカレニウム」はウランに似た新元素だと判明。そこでマクミランは、ウランに続く新元素を、天王星＝ウラヌスの外を回る海王星＝ネプチューンからネプツニウムと名づけます。太陽系の果てをめざすのに似て、周期表の果てに向かう旅の第一歩でした。[*4]

１９４０年の暮れ、グレン・シーボーグ（１９１２〜９９）、マクミラン、アーサー・ワールなどがバークレーのサイクロトロンで、重水素イオン（ジュウトロン。１１３ページ）をウランにぶつけます。生じた93番ネプツニウムが、β壊変で94番になりました。セグレが合流したのち、ウランに中性子をぶつける実験でも94番を合成。１９４１年の初めには、ワールとシーボーグが94番の分離法を仕上げます。元祖クラプロートをマクミランがまねた伝統にならい、シーボーグは94番を、太陽系のいちばん外を回る冥王星＝プルートーからプルトニウムと命名。神話のプルートーは、冥界《めいかい》（地獄）を支配する王の名でもありました。[*5]

研究チームは発見を論文にまとめますが、公表はしていません。交戦中の当時、原爆につながるプルトニウムの情報は「ホットすぎた」からです。

核分裂

1934年、ハンガリーの物理学者レオ・シラード（1898〜1964）が、英国の特許庁に特許を申請します。核エネルギーを利用する「発想」だけの特許でした。ジョリオ＝キュリー夫妻が、核に粒子をぶつけると壊変が起きるのを実証した。ボーテとチャドウィックの仕事で、中性子を出す核があることもわかっている。すると、1個の中性子を吸った核が壊変し、そのとき2個以上の中性子を出せばどうなる？　壊変がどこまでも続き（連鎖反応）、核エネルギーを連続的にとり出せるのです。

とてつもない発想でした。そんな現象は、誰も実証していません。1個の中性子を吸い、2個以上の中性子を出す原子も知られていない。それでも……ほんとうに起きたら「ものすごい爆弾ができる」、とシラードは身震いします。特許を申請した1934年3月14日は、マリー・キュリーが他界するほぼ4か月前のこと。

核分裂の発見　4年後、連鎖反応をする物質が、あろうことかヒトラーのドイツで見つかります。発見者は、カイザー・ヴィルヘルム化学研究所（現ベルリン自由大学）のオットー・

ハーン（1879〜1968）とフリッツ・シュトラスマン（1902〜80）。1938年、ウランに中性子をぶつけたところ、妙なことが起きました。ウランの核が、「切れ端」ではなく、バリウムの核を出したらしい。バリウムは56番だから、核はウラン（92番）の半分より少し大きい。ウランの核が二つに割れた？　ありえない……でも、割れたのでは？

ハーンは実験結果を、オーストリア出身のリーゼ・マイトナー（1878〜1968）に書き送ります。ユダヤ籍の彼女は、1938年のオーストリア併合を機に、ナチを逃れてストックホルムに滞在中。1934年ごろに、ベルリンでハーンと中性子照射実験をしていました。彼女はハーンにこう返信しています。

　びっくりしました。遅い中性子がバリウムをつくるなんて。……でも、核物理では想定外のことがいくつも起きましたから、まったく不可能とは言いきれないかも。(4)

同年のクリスマス、やはりナチを逃れてコペンハーゲンにいた甥のオットー・フリッシュ（1904〜79）が、ストックホルムのマイトナーを訪問。二人は森を散歩しながら一件を話し合い、ウランの核が割れたのだと結論します。正月、コペンハーゲンに戻ったフリッシュは、米国からの客員生物学者にこう質問。「細胞が分かれるのは何といいましたか？」「分裂

（フィッション）ですよ」。そこでマイトナーとフリッシュは、ハーンとシュトラスマンが見つけた現象を「核分裂（英語 nuclear fission）」と名づけました。

そのころ米国の物理学者ロバート・オッペンハイマー（1904〜67）の学生だったフィリップ・モリソン（1915〜2005）が、こう回想しています。「核分裂の噂を聞いて1週間もしないうち、先生は居室の黒板に下手くそな絵を描いていましたよ。爆弾の絵を」(5)

ウラン爆弾とプルトニウム爆弾

なぜ爆弾の絵を？　ウランが核分裂すれば、バリウム原子ばかりか中性子も出て、シラードの「連鎖反応」を起こすため、原爆（原子爆弾）になるのです。

原爆づくりは難題でした。天然ウランには、中性子数のちがう2種の同位体（次章）があります。中性子143個のウラン-235と、146個のウラン-238ですが、遅い中性子を吸って分裂するのはウラン-235だけ。[*6] 天然ウランのうち、ウラン-235はわずか0・7%。爆弾になる最低量＝臨界量は数kgですむものの、それより少ないと中性子が「的を外し」、連鎖反応は起きません。1940年の時点で、天然ウランから数kgのウラン-235を得るのは、ほぼ不可能にみえました。

ただし「完全に不可能」ではないから、シラードが心配したのです。ナチの物理学者も、わずかな可能性にかけて原爆づくりを始めたのでは？　事実そうでしたが、名高い物理学者ヴェルナー・ハイゼンベルク（１９０１〜７６）率いる原爆製造計画は、実を結びませんでした。[*7]

シラードは、ドイツ以外で原爆をつくれる唯一の国つまり米国に、敵に先んじて原爆をつくらせようと考えます。自分はただの物理屋でも、知人のなかに、願ってもない大物がいました。アインシュタインです。

アインシュタインはシラードの求めに応じ、フランクリン・ルーズベルト大統領（１８８２〜１９４５）宛の手紙を書きました。１９４９年の『タイム』誌が、髪ボサボサのアインシュタインの写真をキノコ雲と組み合わせて表紙に掲載。そのせいでいまもなお、彼を原爆の発明者と思っている人がいます。じつのところ原爆は、名高い $E=mc^2$ から自然に生まれたというよりも、莫大な国費を使う化学・工学研究の成果でした。

マンハッタン計画と広島・長崎　大統領が承認して１９４２年10月、オッペンハイマーを主任とするマンハッタン計画が始まります。原爆開発の課題は二つ。十分な量のウラン-２３５を手に入れる物理・化学法の開発と、プルトニウム爆弾の製造です。プルトニウムを合成した１９４１年にシーボーグらは、ウラン-２３５よりプルトニウム-２３９のほうが分裂しやすいことを、政府に伝えていました。グレープフルーツ大の量で足ります……。だからこそプルトニウム合成の成功は、戦後まで機密にしたのですね。

バークレーの小さなサイクロトロンでは、臨界量のプルトニウムをつくれません。そこでフェルミが、原子炉を使う方法を提案。中性子の放出・吸収を制御すれば、天然ウランからプルトニウムがつくれます。中性子を吸収するカドミウムの棒で連鎖反応の勢いを調節し、出た中性子は黒鉛の棒で減速すればいい。

1942年にフェルミがシカゴ大学で試作した原子炉は、規模が足りません。生産量を上げるため、ワシントン州ハンフォードに大型原子炉を建設しました。こうしてウラン-235とプルトニウムの生産量が増えていきます。原爆づくりのほうは、ニューメキシコ州ロスアラモスの施設で、物理・化学・工学のプロ集団がとり組みました。

原爆の完成は世界を変える……とわかっていたオッペンハイマー、シラード、ボーア、フェルミは、達成感と恐怖心がないまぜだったでしょう。1945年7月、ネヴァダの砂漠で最初の核実験「トリニティ」が成功したとき、オッペンハイマーはヒンドゥー教の聖典『バガヴァット・ギーター』の一節を引き、「われ〈死〉となれり。世界の破壊者となれり」と叫びました。ただし米国軍部にとって、原爆は爆弾のひとつにすぎません。日本の天皇に降伏を決意させ、環太平洋の戦争に幕を引かせるほど強力な爆弾ではありましたが。

1945年の8月6日、「リトルボーイ」が広島を壊滅させます。ウラン塊2個を猛スピードでぶつけ、合体させて臨界量にするものでした。3日後の長崎に落とした「ファットマン」

はプルトニウム型。プルトニウム球を包む爆薬に点火し、「爆縮」で臨界量にするものです。爆死と後遺症を含め、原爆の死者は合計およそ30万人と推定されました。それを聞いたシラードがこう発言。「今後どうなっていくのかは読みにくい」

星の「燃料」と水爆

ハンガリーから亡命し、ロスアラモスの主力メンバーだった物理学者エドワード・テラー（１９０８〜２００３）は「今後」を見据え、核分裂ではなく核融合でエネルギーを出す「スーパー爆弾」の開発を米国政府にけしかけました。一瞬のうちに「人工太陽」を生む水爆（水素爆弾）です。

核融合　軽い元素が融合するときに出るエネルギーは、１９１９年、英国キャベンディッシュ研究所のフランシス・アストン（１８７７〜１９４５）がつかんでいました。原子量を精密に測る装置、同位体（次章）の発見につながる質量分析装置を開発した人です。

アストンが測ってみると、同位体それぞれの質量は、水素原子のほぼぴったり整数倍でした。どの核も陽子（水素原子核）を含むとラザフォードが突き止めていたため、想定内のことです（未発見の中性子も、存在だけは想定内）。でも、なぜ「ほぼ」なのか？　測ってみると、ごくわずかな差があったのです。たとえばヘリウム原子の質量は、水素原子のほぼ4倍でも、

4倍よりほんの少しだけ小さい。質量の差はどうなったのか？
質量がエネルギーに変わった、とアストンは見抜きます。核内で陽子や中性子を結びつけるエネルギーです。質量 m とエネルギー E の関係を表すアインシュタインの式（$E=mc^2$）で計算すると、水素原子2個がヘリウム原子になれば、莫大なエネルギーが出る。「コップ1杯の水がもつ水素原子をヘリウムにしたときに出るエネルギーで、フルスピードのクイーン・メアリー号が太平洋を往復できる[6]」。利益もリスクも大きいけれど、「隣人を吹き飛ばすためだけに使わないことを祈るのみ[7]」

フランスの物理学者ペラン（第4章）が、太陽のエネルギー源は核融合だと推測します。天文学者アーサー・エディントン卿（1882〜1944）も1920年に、「アストンが見つけた現象は、太陽の中でも起こりうる」と言っていました。1929年には米国の天文学者ヘンリー・ラッセル（1877〜1957）が、太陽の主成分は水素だと証明し、「太陽＝核融合炉」は世の常識になります。

水素→ヘリウムの核融合　太陽は水素を「燃やす」といっても、酸素と反応させるのではなく、水素の核を融合させてヘリウムにするのです。けれど、水素の核は「陽子1個」なのに、ヘリウムの核は「陽子2個と中性子2個」。その中性子はどこからくるのか？

中性子は、「裏返しのβ壊変」つまり「陽子→中性子」の変化で生まれます。そのとき余る

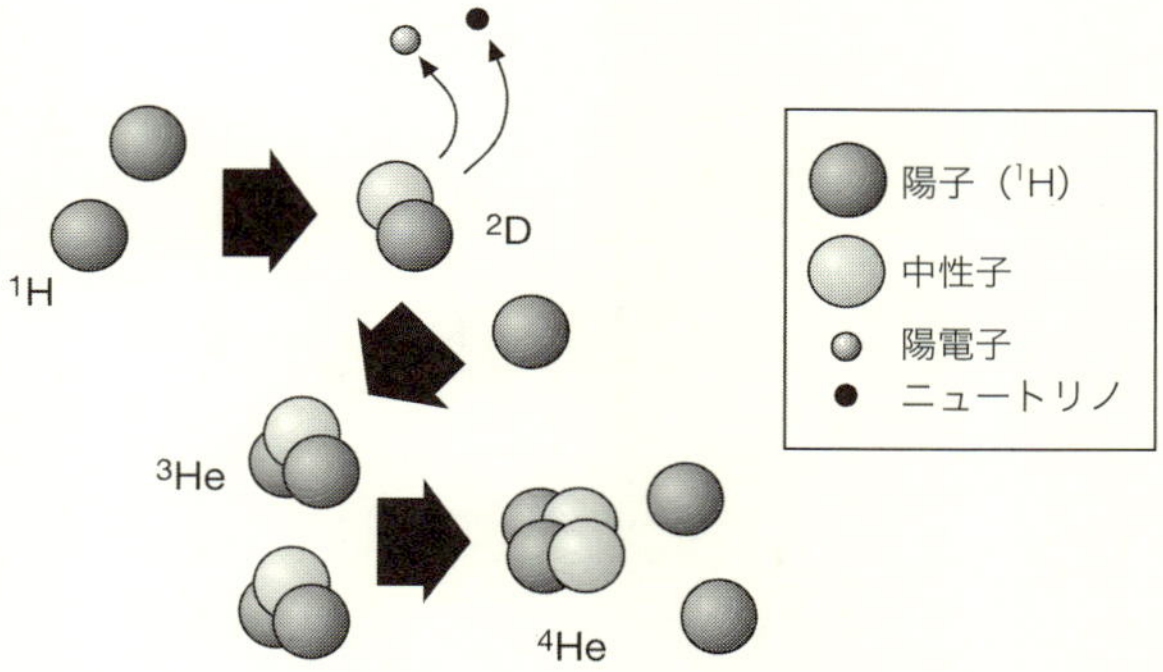

図11　水素→ヘリウムの核融合.

正電荷を、「陽電子」として放出する。陽電子と電子を、互いに「反物質」といいます[*8]。

水素の核融合では、まず2個の陽子が合体し、「陽子1個＋中性子1個」のジュウトロン（重水素＝ジュウテリウムの核）と陽電子になります。次に、ジュウトロン1個と陽子1個が合体し、ヘリウム‐3の核（陽子2個＋中性子1個）が生成。その2個が合体し、陽子2個を吐き出して安定なヘリウム‐4になる（図11）。そこまでの反応が、太陽内で進む核融合の85％を占め（毎秒6億トンの水素を消費）、残りは別の核融合です。英国の作家イアン・マキュアン（1948〜）に言わせると、「人間の体も思考も含め、森羅万象《しんらばんしょう》は核融合から生まれる」[(8)]

核融合（熱核融合）の引き金には、超高密度の水素と、1000万℃以上の超高温が必要ですが、ひとたび始まれば、出る莫大な熱が核融合を持続させます。

ベーテは1939年、炭素が「水素→ヘリウム」核融合の触媒になると予測しました。炭素Cは、窒素Nや酸素Oに変身しながら6段階で水素の核融合を進め、最後は炭素に戻る（炭素サイクル。元素記号を並べた別名がCNOサイクル）。太陽より大きい恒星だと、炭素サイクルによる核融合が、放出エネルギーの多くを占めるようになります。

ヘリウムの先へ　星の化学はまだ終わりません。1957年、天文学者マーガレット（1919〜）とジェフリー（1925〜）のバービッジ夫妻、ウィリアム・ファウラー（1911〜95）、フレッド・ホイル（1915〜2001）が、星の一生と元素合成のモデルを考えました。水素の大部分がヘリウムになってしまうと星は冷え、収縮を始めます。すると中心部は巨大な重力に押しつぶされ、温度がどんどん上がっていく。その熱が表面近くの「大気」を赤く見せます（いわゆる赤色巨星の状態）。

収縮が進んで中心部が1億℃に迫ると、今度はヘリウムの核融合が始まって、炭素や酸素、ネオンができてきます（中間に生まれるベリリウムやホウ素、窒素、フッ素は不安定だから、壊れて安定な元素になっていく）。

ヘリウムも底をついたら、星はまた冷えて収縮し、重力がまた中心部の温度を上げる。今度は炭素や酸素が核融合を始め、ナトリウムやマグネシウム、ケイ素、硫黄が誕生。こうして星の内部には、周期表が少しずつでき上がるのですね。

だから、ロッキャーやクルックスが想定した「元素の進化」（90ページ）は、的をぴたりと射ていました。星が進める元素合成は、地球をはじめとする万物の根源。137億年前に起きたというビッグバンの直接産物は、ほぼ水素とヘリウムだけでした。もっと重い元素は、たいていが星の内部で生まれたのです[*9]。

中心部の温度が20億℃に迫ると、核融合で鉄が生まれ始めます。あらゆる元素のうち鉄がいちばん安定だから、核融合の打ち止めです。けれど、鉄より重い元素もありますね。そんな元素は、核融合そのものではなく、星の表層に近い場所で、いろいろな核が、核融合から出る中性子を吸収して生まれます。73番のビスマスまでが、そうやって誕生しました。

超新星爆発　ついに「燃料」が尽きると星は寿命を迎え、何度目かの収縮を始めます。もはや、収縮を止める要因（つまり核融合の進行）はありません。収縮しきると反動で大爆発（超新星爆発）を起こし、外層を宇宙にまき散らす。そのとき、爆発の巨大なエネルギーが核融合をさらに進め、ビスマスより重い元素（ウランの少し先まで）もできていきます。

水素の核融合はウランの核分裂よりずっと大きなエネルギーを出す、と1942年にフェルミとテラーは見抜きました。問題は、温度と密度をどうやって上げるか。太陽の中心部に近い1億℃や10億℃の超高温は、まず実現できません。ただし、重水素（ジュウテリウム）や三重水素（トリチウム。131ページ）なら、もっと低温で核融合するはず。それを使うのが

「スーパー爆弾」つまり水爆でした。

水爆の引き金には、ウランやプルトニウムの核分裂を使います。つまり水爆は、原爆を使って爆発させる。初の水爆実験は1952年、南太平洋マーシャル諸島のエニウェトク環礁《かんしょう》で行われました。呼び名は、原爆実験の「トリニティ（キリスト教の三位一体《さんみいったい》）」に比べてぐっと低俗な「マイク」。広島原爆の1000倍も強い「マイク」は、爆心の島をまるごと吹き飛ばし、直径3㎞、深さ800mのクレーターをつくりました。以後20年ほど、米国とソ連（当時）は先を争って核兵器を製造します。地球を何回も吹き飛ばせるほどの量でした。

超ウラン元素の合成レース[9]

1950〜60年代の核実験が生んだプルトニウムは、ごく微量ながら、いま私たちの体内にもあります。その量だと悪影響はないのですが、大量を吸って一部が骨髄《こつずい》にたまると、α粒子が細胞を傷つけ、がんを起こしたりします。

100番まで　ただし化学者にとって水爆実験は「たなぼた」でもありました。マイク実験などに参加した化学者は、放射能を浴びた環礁のサンゴをバークレーにもち帰って分析します。分析の結果、99番元素と100番元素が見つかり、それぞれアインスタイニウム、フェルミウムと名づけました。

94番プルトニウムから99番アインスタイニウムまでの間にある四つ（95～98番）は、重い元素の核に粒子をぶつける実験で、もうバークレーの科学者がつくっていました。95番と96番は、シーボーグ、アルバート・ギオルソ（1915～2010）、ラルフ・ジェームズが1944年につくります。機密の解けた戦後になって、それぞれアメリシウム、キュリウムと命名されました。

シーボーグやギオルソらは、97番バークリウム（1949年）、98番カリホルニウム（1950年）もつくります。すかさず『ニューヨーカー』誌が口を出しました。「バークレーとカリフォルニアの名は、続く二つにとっておき、今回は universitium, offium にしたほうがよかったのでは？　四つ続けると **University Of**（**Berkeley**）**California**（カリフォルニア大学バークレー校）の頭文字だから、周期表に大学の名が刻まれますよ」。すかさずバークレーがこう応酬。「ニューヨーク出身の誰かが99番と100番をつくってしまい、ニューイウム、ヨーキウムとでも命名するのは嫌ですからね」

先陣争い　事実、誰かがつくるのは時間の問題でした。1950年代には、世界各地の研究所がバークレーにほぼ追いつき、元素合成の準備を終えていたのです。101番をつくった1955年は、まだバークレーが先行中。メンデレビウムと命名されて周期表に載ったとき、あの世でメンデレーエフ（70ページ）は喜んだのか、それとも困惑したのか？

次の１０２番は、決着までがひと騒動でした。１９５７年にストックホルムのチームが「できた」と信じ、自国の巨星アルフレッド・ノーベル（１８３３〜９６）から「ノーベリウム」を提案。しかし他国の「元素メーカー」は合成を確認できず、本物をつくったのは翌１９５８年のギオルソら。同年には、ロシアのドブナにある合同原子核研究所も１０２番の合成を報じます。でもスウェーデンの提案は誰にも異存がなく、ノーベリウムで決着しました。以後は、そういう満場一致ばかりでもなくなりますが。

１９６０〜７０年代になると、元素合成レースは派閥争いの観を呈します。ある機関が合成を報じると、別の機関がケチをつける。国の威信がかかる命名も、なかなか決着しません。命名を通すには、最高権威といってよい国際純正・応用化学連合（ＩＵＰＡＣ）のお墨つきが必要になります。１０３番の「ローレンシウム」は、元素合成マシン（サイクロトロン）の発明者ローレンスだから、誰にも異存はありませんでした。

バークレーがつくった１０４番の「ラザホージウム」は、20世紀屈指の物理学者ラザフォードに捧げたものです。でも１０４番は、５年前の１９６４年にロシアのドブナが合成を報じ、研究主任のクルチャトフから「クルチャトビウム」を主張。しかし米国のチームが、ロシアの結果は不確実だと論破します。

１０５〜１０７番の合成・命名でも同様な論争が湧きました。そこでＩＵＰＡＣが腰を上げ、合成の優先権決定と命名を考える委員会を１９８７年に設立。けれど7年後の１９９４年でも、元素の命名は混迷のなかでした。

とくに悩ましかったのが１０６番の命名。１９７４年にドブナが声を上げ、直後にバークレーが、ずっと確かな証拠をもとに合成を主張。１９９３年になってギオルソ率いる米国チームは、自分たちのほうが確実だとＩＵＰＡＣに納得させ、新元素の名に、初の人工元素（ばかりか計9個の人工元素）をつくったシーボーグから、シーボーギウムを提案します。

でも問題がありました。いくら大物でもシーボーグは存命です。「存命者にちなむ命名はしない」がＩＵＰＡＣの方針でした。しかし米国化学会が横から口を出してギオルソ提案を応援します。１９９６年にＩＵＰＡＣも心を変え、１０４～１０７番の呼び名を見直すことにしました。１０４番ラザホージウムはＯＫ。１０５番はロシアの貢献を讃えてドブニウム（ドブナから）。１０６番シーボーギウムもＯＫ。また１０７番は、ニールス・ボーアを讃えてボーリウムと決まります。

見直す前の１０５番は、ジョリオ＝キュリー夫妻にちなむ「ジョリオティウム（Jo）」でした（１９９４年ＩＵＰＡＣ提案）。また１９９４年、オットー・ハーンを讃える「ハーニウム（Ha）」が、１０５番（米国化学会）や１０８番（ＩＵＰＡＣ）に提案されています。どちらも3年ほど周期表を飾りながら、議論のすえボツになったのです。

図12　ダルムシュタットのGSIにある加速器．107～112番元素を合成．

安定性の島

ドイツの躍進

107番ボーリウムの命名は、1980年代の初頭から元素合成を始めたドイツチームのデビューでした。ダルムシュタット市の重イオン科学研究所（GSI）が、かつてロシアのドブナが開発しながらも諦めていた新技術を完成します。α粒子のような軽いイオンを重い核にぶつけるのではなく、中型の核を合体させて重い核をつくる方法でした（図12）。たとえば鉛の標的に、ニッケルや亜鉛のイオンをぶつけるのです。

昔ながらの技術は、高エネルギー核をつくるので「高温核融合（ホット・フュージョン）」といいます。新技術は、低エネルギー核をつくる「低温核融合（コールド・フュージョン）」[*10]。ドブナは1970年代に、低温法でフェルミウムとラザホージウムをつくっていました。

ドイツのGSIは、107番ボーリウム（1981年）〜112番（1996年）の連続6元素をつくります。108番はダルムシュタットがあるヘッセン州の旧名からハッシウム、109番はウランの核分裂を確認したマイトナーからマイトネリウムと名づけました。110番以降はまだ命名されていません[*11]。

超ウラン元素は重いほど不安定で、放射線を出しながら壊れる時間がどんどん短くなります。量＝放射能が半分になる時間（半減期）でいうと、94番プルトニウム-239は2万4000年と長いのですが、98番カリホルニウム-249は350年、101番メンデレビウム-258は51日、106番シーボーギウム-266は21秒、という調子。111番（レントゲニウム）-272はわずか1・5ミリ秒、1996年にできた112番（コペルニシウム）-277だと、1ミリ秒よりずっと短い。そんなふうに寿命が短いことも、超重元素の合成・確認をむずかしくするのです[*12]。

マジックナンバー

けれど寿命は、「単調に減っていく」わけではありません。核内にあ

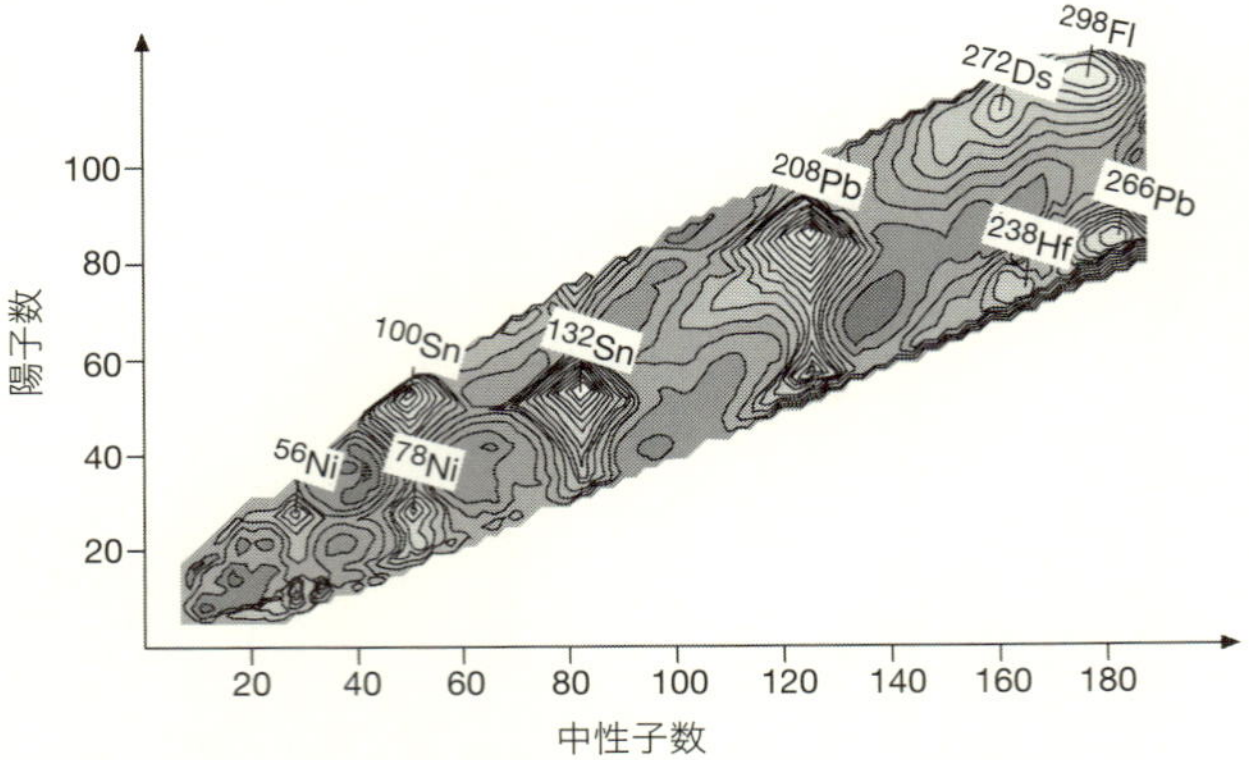

図 13　高い場所ほど安定になるよう描いた陽子数と中性子数の相関マップ．陽子も中性子も魔法数の 114 番（フレロビウム）-298 は“安定性の島”の頂上にある．スズや鉛も安定な同位体をもつ．

る陽子と中性子の個数に応じ、「単調」よりは短かったり長かったりするのです。

核内の陽子と中性子は、核外の電子（92ページ）と同様、同心の殻《かく》（シェル）にあります。また、核外の電子殻が満杯になった貴ガスが安定なのと似て、核内の陽子と中性子も、殻を満杯にすれば安定になる。陽子の殻が満杯になるヘリウム（陽子2個）、酸素（8個）、カルシウム（20個）、スズ（50個）、鉛（82個）はたいへん安定な元素で、それぞれの陽子数を魔法数（マジックナンバー）といいます。中性子にも魔法数があり、陽子と中性子の両方とも魔法数になる鉛-208は、抜群に安定な原子です。

114番（フレロビウム）-298が二重

の魔法数をもつため、超重元素がつくる空間の中、そこに「安定性の島」があると予想できます[9]（図13）。理論によれば、その同位体は半減期が数年もありそう。数年もあれば、単体を「手にもてる」はずですね。だから元素メーカーたちは、１１４番の合成をめざしました。

１９９９年、ドブナと米国リヴァモア研究所の国際チームが、１１４番（フレロビウム）の合成を報じます。プルトニウム-２４４にカルシウム-48のイオンをぶつけたところ、原子１個が約30秒で１１２番（コペルニシウム）に壊変しました。「抜群に長い」とはいえなくても、１１２番の「１秒未満」よりずっと長い。できた同位体は１１４番（フレロビウム）-２８９だから、まだ二重魔法数の２９８には届いていません。それでもバークレーのギオルソは、報告に接してこう言いました。「なんともすごい成果です」

ドブナでは数か月間にわたって１１４番の合成を試み、中性子１７４個の１１４番（フレロビウム）-２８８をつくって、寿命が数秒あると確認。観測は２回でき、信頼度も高い。さらに、標的をカリホルニウム-２４８に変えてまず１１６番（リバモリウム）をつくり、α壊変で１１４番に変わるのも確かめました。

二重魔法数の１１４番（フレロビウム）-２９８がそびえる島には、どうやれば着けるのか？　中性子をもっと吸収させればいいのですが、さしあたり方法はわかっていません。

原子1個の化学

これからも新元素はつくられ、性質の調べも進むでしょう。1997年にドイツ・米国・ロシアの合同チームは、106番シーボーギウムの性質が、モリブデンやタングステンに似ているのを確かめました[10]。周期表で同じ列（族）だから想定内にみえますが、じつは想定外でもありました。なぜでしょう？

アインシュタインの相対論によれば、運動する物体は、光の速さに近づくほど重くなります。たいへん重い元素だと、内殻電子は強烈な力で核に引かれ、質量がかなり変わるほどの猛スピードになる。それが電子の配置を変える結果、元素の性質は、周期表の位置で予想されるものからずれていくはず。

先行する104番と105番の性質には、相対論的な効果が認められました。けれど106番シーボーギウムの性質は「周期表どおり」だったため、相対論をもとに超重元素の性質がきちんと予測できるかどうか、あやしくなったのです。

性質の研究に使える試料は、ごくわずかしかありません。シーボーギウムの場合、試料はたった7個の原子でした。数個の原子を、しかも壊変する前に調べなければいけない。いま、107番以上の元素についても性質調べが始まっています。

初期のころは、試料があまりにも少ないため、性質の研究を諦める場面もたくさんありました。いまや「周期表の開拓者」たちは、原子1個1個の性質を調べるという究極のチャレンジを続けているのです。

＊1　はるかな昔に星の中で生まれた94番プルトニウムなど超ウラン元素も、ごく微量ならウラン鉱石に見つかるため、「天然の元素数」も正確には言えない。

＊2　当初は「小型化」が必須だったが、現在はちがう。ジュネーブ近郊にあるＣＥＲＮ（欧州合同原子核研究機関）の円形加速器は直径が27㎞もある。

＊3　ジョリオ＝キュリー夫妻は１９３３年、ホウ素やアルミニウムなど安定な軽元素がα粒子照射で放射性元素に変わるのを発見（他界直前の母マリーは喜んだ）。その業績で夫妻は１９３５年のノーベル化学賞を受賞。なおイレーヌは母と同じ白血病で死去（享年58）。

＊4　超ウラン元素ではなく「未知元素」なら、合成の第1号は、セグレとカルロ・ペリエがモリブデン箔《はく》に重水素原子核をぶつけてつくった43番テクネチウム（１９３７年）。１９２５年にドイツの研究者がコルンブ石に電子ビームを当ててつくっていたという「マスリウム」も、じつはテクネチウムだったかもしれない。また、85番アスタチン（いちばん重いハロゲン）は１９４０年、ビスマスにα粒子をぶつけて合成（確認者はセグレ）。

＊5　［訳注］　原著刊行から4年後の２００６年、国際天文学連合は冥王星を惑星から「準惑星」に降格させた。

＊6　元素名に添えた２３５や２３８は、核の「陽子数＋中性子数」を意味し、原子の相対質量を表すので「質量数」という。原子番号は陽子数に等しい。

＊7　ハイゼンベルクは、ヒトラーに原爆をもたせたくなくて計画をわざと遅らせた、とみる人もいる。あるいは彼の計算ミスで失敗したのかもしれない。真相は闇の中。

＊8　反物質の存在は1930年に英国の物理学者ポール・ディラック（1902～84）が理論で予言。物質と反物質がぶつかると質量が消え失せ、莫大なエネルギー（γ線）が出る。

＊9　ただし全部ではない。軽いリチウム、ベリリウム、ホウ素の大半は、高エネルギーの宇宙線を吸収した重い元素が壊れて誕生。星の内部で、その3元素はまず生まれない。

＊10　1989年にユタ大学の化学者が報じ、たぶん幻だった重水電解法の「コールド・フュージョン」とは無関係（160ページ参照）。

＊11　[訳注]　原著が出た2002年の状況を表す。2013年9月現在、合成は118番まで報告され、左記の五つが命名ずみ（113・115・117・118番はまだ命名されていない。なお113番の合成・確認には、日本の理化学研究所も大きな貢献をしている）。

110番　ダームスタチウムDs（ダルムシュタットから。命名2003年）
111番　レントゲニウムRg（レントゲンから。2004年）
112番　コペルニシウムCn（コペルニクスから。2010年）
114番　フレロビウムFl（ドブナの設立者フリョーロフから。2012年）
116番　リバモリウムLv（米国のリヴァモア研究所から。2012年）

＊12　プルトニウムには寿命のやや長い同位体もある。似た状況はほかの超重元素でもありうるが、重いほど寿命が短くなる傾向は変わらない。

第6章
大活躍する兄弟原子——同位体

人間の体が氷から突き出ている。登山事故か？……いや、後頭部に傷があるからには、おぞましい殺人か死体遺棄？……。１９９１年9月19日、オーストリア-イタリア国境のアルプス、標高３２００mのエッツ谷《タール》。ドイツからハイキングに来ていたヘルムートとエリカのジモーン夫妻は、目の前の光景に動転します。

駆けつけたオーストリアの警官は、近ごろ増加中のクレバス滑落事故と推定。でも、とにかく変わった死体でした。擦《す》り傷はほとんどないし、腐臭もしない。死体の脇には、見たこともない道具がある。刃が赤っぽい金属で、原始人が使った斧《おの》のよう……。

一帯では１９３８年にイタリアの音楽教師が行方不明になっていました。その人か？ 調べてみると教師の遺体はすでに見つかり、近くの町に眠っているらしい。氷づけの死体を検案したインスブルックの法医学者は、死体があまりにも古くて自分の手には負えないと悟り、考古学者に回しました。地名のエッツ谷から考古学者が「エッツィー（別称アイスマン）」と名づけた男は、なんと数千年前に亡くなっていたのです[1]。

当初は斧の刃が青銅に見え、青銅器時代（紀元前１８００〜１４００年ごろ）の人かと思えました。けれど炭素年代測定の結果、紀元前３３００年ごろの人だとわかります。斧の刃も、青銅が発明される前の銅でした。軟らかい銅は道具にならなかったという定説を、エッツィーの斧がくつがえしたのです。

炭素年代測定法は１９４７年に生まれ、考古学を様変わりさせました。ミイラや木工品、深海堆積物などの有機物は、５００年〜３万年前のものなら、かなり正確に年代がわかります。史料の信頼性が落ち始める５００年前から、人類がもう集団生活を始めていた３万年前までは、ぴったり考古学の対象なので、願ってもない技術でした。

炭素年代測定では、同位体のうち炭素-14に注目します。同位体（アイソトープ。周期表で同じ位置にある原子）とは、同じ元素でも重さがちがう「兄弟原子」のこと。同位体の用途は広いのですが、いちばん目覚ましい用途が、炭素年代測定だといえましょう。

1919年の化学革命

同位体は、ドルトン（第1章）が原子説を発表した1803年以降、化学者を悩ませてきた謎のあれこれを解くカギになりました。元素の本質は原子の重さだ――がドルトンの主張。水素を1とした相対質量＝原子量が、元素の個性を表す。原子量がほぼ整数になる事実（いまの値で炭素12・011、酸素15・999）をみてプラウト（76ページ）は、どの元素も水素からできると考えました（1815年。第4章）。1860年代のメンデレーエフもロタール＝マイヤー（84ページ）も、元素を原子量の順に並べ、性質の周期性に気づいたのですね。でも例外がありました。たとえば塩素の原子量（35・45）は、35と36のどちらに近いともいえません。そこでデュマ（76ページ）は、水素原子の半分や4分の1を「基本成分」とみます（第4章）。けれど、メンデレーエフの1902年周期表でも、マグネシウムは24・3、ケイ素は28・4と、整数とみるには悩ましい値でした。かりに水素の4分の1を基本成分とみても、すっきりしそうにありません。

謎はまだありました。メンデレーエフは、元素の性質が周期的になるよう、重いテルルを軽いヨウ素の前に置いています。また、コバルトとニッケルの原子量はほぼ同じでした。

281種の天然原子

1919年にアストン（第5章）のつくった質量分析器が、謎のすべてを一掃します。ラヴォアジエ（18世紀末）、メンデレーエフ（1869年）につぐ化学革命だったといえましょう。それまでの化学は、原子数で1兆個の1兆倍くらいの試料を扱ってきました。アストンの装置だと、イオン化させた原子を飛ばし、電場で経路が曲がる度合から、1個ずつ分別できます。元素は同じでも質量のちがう原子があって、質量はそれぞれ水素原子（陽子）の整数倍だとわかりました。[*1] 硫黄には相対質量32、33、34の同位体がある、というように。

質量分析器の発明から20年以内にアストンは、同位体も合わせ天然にある全原子281個のうち、212個までを特定しました。目に見える大きさの試料なら、質量からわかる元素の原子量は、同位体の平均値（存在比を考えた加重平均）になります。たとえばネオンは約90％がネオン‐20、約10％がネオン‐22なので、原子量は加重平均の20・2ですね。アストンの成果は1922年のノーベル化学賞に輝きました。

同位体どうしは、陽子数（＝電子数）は同じでも、中性子数がちがいます。原子番号10のネオンなら、「陽子10個＋中性子10個」の原子がネオン‐20、「陽子10個＋中性子12個」の原子がネオン‐22。だから原子の相対質量（陽子数＋中性子数）は、それぞれ20、22になる。同位体を区別するため、元素記号では ^{20}Ne, ^{22}Ne のように書きます。

元素の個性を決めるのは、原子のもつ電子です。電子が何個あり、電子殻《かく》にどう分布しているかを「電子配置」といいます。同じ元素なら、どの同位体も電子配置は等しく、ちがうのは核内にある中性子の数だけ。中性子は電子にまず作用しないため、同位体どうしの性質に差はほとんどありません。

同位体効果　ただし差は「完全にゼロ」ではなく、観測にかかる差が出ることもあります。原子間の結合は、２個の球をつなぐバネのようなものだから、球が重いか軽いかでバネの動き（振動数にして毎秒10兆～１００兆回）がわずかに変わる。球が重いほど振動は遅い。その振動数は、結合のできやすさ・切れやすさに影響するので、同位体ごとに化学反応性もちがう（同位体効果）。ふつう振動数の差は小さいのですが、いつも無視できるとはかぎりません。

同位体効果をよく示すのが水素です。水素の同位体には、ふつうの水素＝軽水素（記号H）、重水素＝ジュウテリウム（水素-2。記号D。[*2]天然存在度０・０１５％）、三重水素＝トリチウム（水素-3。記号T。[*2]放射性）の三つがあります。D原子は「陽子１個＋中性子１個」だから、H原子の２倍も重い。HをDに変えた水D_2Oが「重水」です。

質量が２倍になれば、結合の強さや振動数の変化も、小さいとはいえません。[*3]生命に欠かせない水の特異な性質は、隣りあう水分子のH原子とO原子が引きあう「水素結合」から生まれます。HをDに変えると水素結合が強まって、体内の化学反応が狂うため、重水は猛毒なのです。１９３４年に米国の化学者ギルバート・ルイス（１８７５～１９４６）は、重水をやったタバコの種が芽生えず、重水を飲ませたマウスが中毒症状を示すのを確かめました。貴重なジュウテリウムを自分のサイクロトロン実験に確保したいローレンス（第5章）は、重水をマウス実験に使いたがるルイスを嫌っていたとか。

炭素-14年代測定

原子の安定性は、同位体ごとにさまざまです。たとえば陽子6個の炭素原子は、中性子が6個か7個なら完璧に安定でも、5個以下や8個以上だと不安定になり（放射性同位体）、放射線を出しながら安定化（壊変）します。サイクロトロンを使い、安定な核を不安定な核に変えると、炭素や窒素など「生命の元素」も放射性になって、もはや安全とはいえません。

宇宙線が生む炭素-14

サイクロトロンの内部と似たことは、大気圏でも進みます。大気の高層には、宇宙線（太陽内部の核融合などが生む高エネルギー粒子）が降り注ぐ。宇宙線を吸った大気分子は、壊変して中性子を出す。その中性子を「陽子7個＋中性子7個」の窒素原子が吸って「陽子7個＋中性子8個」に変わったあと、陽子1個が飛び出せば、「陽子6個＋中性子8個」の炭素-14（放射性炭素）が生まれます。

炭素-14の原子が酸素分子と結びつき、二酸化炭素になる……という出来事の結果、大気中にある二酸化炭素（約3兆トン）の1兆分の1・2が、「炭素-14を含む二酸化炭素CO_2」になっているのです。

炭素‐14は、β粒子（電子）を出して窒素の安定同位体に戻りますが、たちまち戻ってしまうのではなく、量が半分になる平均時間（半減期）が5730年。その長さが、考古学にぴったりなのですね。

光合成する植物は、気孔から吸った二酸化炭素を炭素化合物に変え、そのとき炭素‐14が体内に固定されます。炭素化合物はあらゆる生物の養分だから、いま生きている動植物の体内にある炭素も、1兆分の1・2が炭素‐14です。

生物が死ぬと、環境との炭素交換が止まる結果、体内の炭素‐14は半減期5730年で安定な窒素に戻っていきます。だから5730年前の材木は、いま生えている木に比べて炭素‐14の濃度が半分しかありません。1万1460年前の木なら4分の1です。動物の骨や、布、紙、洞窟絵に使った絵の具の結着材（獣脂）なども生物組織だから、炭素‐14の濃度から年齢がわかります。

リビーの快挙　炭素年代測定法は、米国の化学者ウィラード・リビー（1908〜80）が1947年に仕上げました。30年代にバークレーで放射化学を学び、マンハッタン計画に参加したあとの戦後は、フェルミが原子炉第1号をつくったシカゴ大学の原子核研究所に勤務した人。手始めに、歴史記録から年代がわかる古代エジプトの木や木炭、年輪から樹齢がわかるセコイアの立木を分析したところ、ほぼ合う結果になりました。また、世界各地の古試料を分析し、最後の氷河期が終わった時期（約1万１０００年前）や、人類が定住を始めた時期も確定します。その業績でリビーは１９６０年のノーベル化学賞を受賞しました。

炭素-14法は、年代論争を決着させるのに使えます。名高いのが、十字架から降ろされたキリストの体を包んだという「トリノの聖骸布《せいがいふ》」[2]（図14）。いまトリノの聖ヨハネ大聖堂にあるその布は、鞭打ちと磔《はりつけ》の刑を受けた裸体の像を浮き上がらせます。最初の科学調査が行われた１９７０年代は、必要な試料が多すぎたため、炭素-14法は使われていません。

１９８８年になって、米国・英国・スイスの合同チームが、感度の高い装置で再挑戦します。布の3か所から切りとった試料50mgずつを測ったところ、制作年代は１２６０〜１３９０年と推定されました。つまり聖骸布は、中世の贋作《がんさく》らしかったのです。

本物なら比類ない聖遺物なので案の定、反論がどっと湧きました。長い年月のうちにカビが生え、バクテリアの出した有機物もついています。１５３２年には、当時の保管場所だったフランスのシャンベリ教会で火事が起き、ススもついていました。有機物やススが結果を狂わせるのは、炭素-14法の宿命です。体の刺し傷が聖書の記述に合い、十字架上で釘を打たれた手首に血痕がある点も（中世の画家は、手のひらに血を描きましたが）解剖学的に正しいものの、全身像がどうやって布に転写されたのかを含め、まだ謎だらけだといえます。

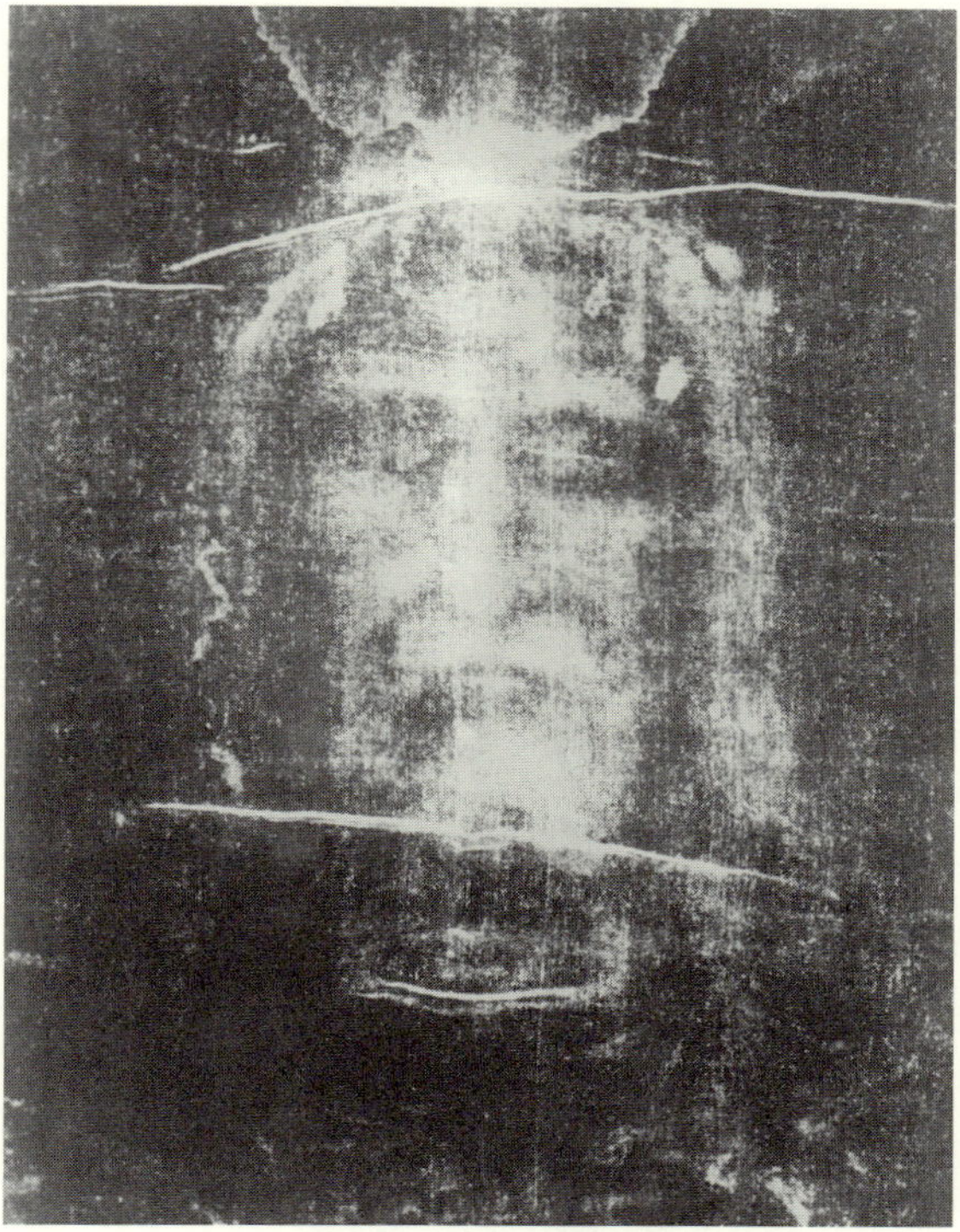

図 14　炭素 -14 法で 13〜14 世紀の作と推定された“トリノの聖骸布”.

地球や宇宙の年齢と同位体

もし炭素-14の半減期が2分や100万年だったなら、考古学には役立ちません。2分だと生物の死後たちまち消え失せるし、100万年なら、有機物の残る期間（せいぜい3万年）を通じ、量がほとんど変わらないので。

ウラン-トリウム法

ずっと古い時代をみるには、ずっと寿命の長い放射性同位体が必要です。ぴったりのものに、多様な岩石に含まれ、地球の年齢とほぼ同じ半減期（45億年）でトリウム-230に変わるウラン-238があります（測定法は「ウラン-トリウム法」）。トリウムが初めゼロだった試料なら、トリウム-230とウラン-238の量比から年齢がわかります。いつか新鮮なウランが混入すると時計がリセットされるため、混入のなかったことが大前提です。陸地の隆起で「化石ビーチ」に残されたサンゴや、鍾乳洞の鍾乳石・石筍《せきじゅん》、条件のいい木や骨の化石が、ウラン-トリウム法で年代測定されてきました。トリウム-230は半減期7万5380年で壊変するため、50万年前よりも古い試料にウラン-トリウム法は使えません。

ウラン-鉛法

もっと古い試料には、ウラン-238（出発点）と鉛-206（終着点）の量を測る「ウラン-鉛法」があります。地球上でいちばん古い岩石のひとつ、ジルコンという鉱物は、生成した当初、鉛を含んでいませんでした。すると、鉛とウランの量比から、ジルコンの年齢がわかります。どろどろのマグマからジルコンが固化（結晶化）するまでは、ウランの原子も壊変産物もジルコンに入ってきますが、固化の瞬間からウランの補給は止まり、有機物中の炭素-14と同様、ウランの「時計」がチクタクを始めるのです。

ウラン-鉛法の結果をみると、地球は誕生からすぐの44・5億年前、小惑星が衝突してマグマの球になったと思えます（その衝撃で飛び出し、衛星になったのが月）。西オーストラリアにある最古のジルコンをウラン-鉛法で測ったところ44億年前のものだったため、「マグマの海」は急速に冷えたようです。また、ジルコンが水と接触していた証拠からみて、もう44億年前には海があったのでしょう[3]。

天然ウランの約0・7%を占めるウラン-235の最終壊変産物は、鉛-206ではなく鉛-207です。こうしたウランと鉛の同位体をことごとく分析すれば、鉱物の年齢も、地球の歴史もわかってきます。隕石の中には、地球の素材とならず宇宙に残ったらしいものもあり、そんな隕石がウランを含まないなら、隕石中にあるのは「原初」の鉛。古い鉛鉱物と隕石の分析結果を突き合わせ、地球は45・4億歳だとわかっています。

地球の年齢　地球の年齢は昔から関心を引きました。20世紀初頭の常識だった9800万年は、1860年代に英国のウィリアム・トムソン（絶対温度の単位に名を残すケルビン卿。1824〜1907）が、地球中心部の冷却時間から見積もった値。1907年、米国の放射[*4]

化学者バートラム・ボルトウッド（１８７０〜１９２７）が、放射壊変に注目して地球の年齢を見積もり、約20億年と推定します。その2倍以上にあたる現在の値（４５・４歳）は、ウラン-トリウム法やウラン-鉛法のほか、壊変で変わりあういろいろな同位体対（ペア）の量比からわかった値です。

壊変の遅い同位体ペアには、サマリウム-１４７とネオジム-１４３、ルビジウム-87とストロンチウム-87、カリウム-40とアルゴン-40などがあり、岩石の種類や、知りたい時間域にちょうどいいペアを選びます。

星の年齢　同位体法は、星の年齢決定にも使えます。チリにある欧州南天天文台が２００１年、ＣＳ３１０８２-００１という星のウラン-２３８濃度を推定しました。星のスペクトル（77ページ）に現れるウランの発光強度から、その星は１２５億歳と判明[4]。するとビッグバンからの経過時間は、１２５億年より長いとわかりますね（いまの推定は１３７億年）。

このように放射性同位体は、人類史や地球史、宇宙史の解明に役立ってきました。

気候変動と同位体

地球科学には、（放射性同位体ではなく）安定同位体も役立ちます。とりわけ酸素と水素の安定同位体が、気候史を探るのに使われてきました。

20世紀の後半から、人間活動の出す二酸化炭素を気候変動（温暖化）の原因とみる人が増えました。それが事実かどうか考えるにも、また将来の予測にも、過去の気候がどう変わってきたかをつかむのが望ましい。

かつて氷河期が何度かあり、氷河期には低緯度まで氷が覆っていたことは、19世紀の地質学者が突き止めました。1930年には、セルビアの地球科学者ミルティン・ミランコビッチ（1879～1958）が理論を発表し、氷河期─間氷期のくり返しを説明します。地球の公転軌道は周期的に変わるため、地球の受ける太陽エネルギーの季節分布が変わる。軌道の変動周期には、2万3000年、4万1000年、10万年がある（ミランコビッチ・サイクル）。三つの周期がからみ合い、ゆっくりした気候変動が起きる、という説です。

ミランコビッチ説が正しいかどうか確かめるには、過去数十万～100万年間に、地球の平均気温や氷の体積がどう変わってきたかを知る必要があります。

深海堆積物と気候史　深海の堆積物が過去の気候を教えるのでは……と1970年代に地球化学者が気づきました。有孔虫《ゆうこうちゅう》などのプランクトンは、死ぬと海底に沈んで堆積します。有孔虫の殻《から》は炭酸カルシウム $CaCO_3$ でき、その酸素Oは、有孔虫が生きていた場所の海水から来たものです。

酸素の安定同位体には、酸素-16と酸素-18があります。海水が蒸発するとき、ツバメがアホウドリより軽やかに飛ぶのと似て、軽い酸素‐16を含む水分子のほうがわずかに飛びやすい。だから水蒸気には「軽い水」がやや多く、蒸発が進むにつれ、海水には「重い水」がやや多くなります。

水蒸気は、いずれ雨や雪となって降りますね。ふつうの陸地に降った水は川からまた海に戻るけれど、南極など極地に降った雪はそのまま氷になるので、水の分子は「氷床《ひょうしょう》」に閉じこめられる。氷河期に氷床が生長すると、氷になる水蒸気の量が増えるため、海水の酸素‐18はじわじわと濃縮される。だから海水の酸素‐16／18比は、地球全体に氷がどれほどあったのかを教えてくれます。

有孔虫の炭酸カルシウムは、堆積物に組みこまれたあとも、海水の酸素同位体比を保っています。そのため、堆積物の酸素同位体比から、過去の氷床がどれほど広がっていたかがわかるのです。[*5] 1970年代の初めに行われた国際研究では、そんなふうにして過去100万年間の気候変動が推定されました。[5] 同位体比の変動パターン（図15(a)）[6]に、ミランコビッチ・サイクルのうち「10万年周期」がくっきり見えるでしょう。こまかく解析すると、ほか二つの周期も見えてきます。

氷床と気候史　氷床をつくる水分子の酸素同位体比も、気候史を探る手がかりになります。南極の氷床は厚みが最大4000mもあり、最深部の氷は80～100万年前の雪からでき

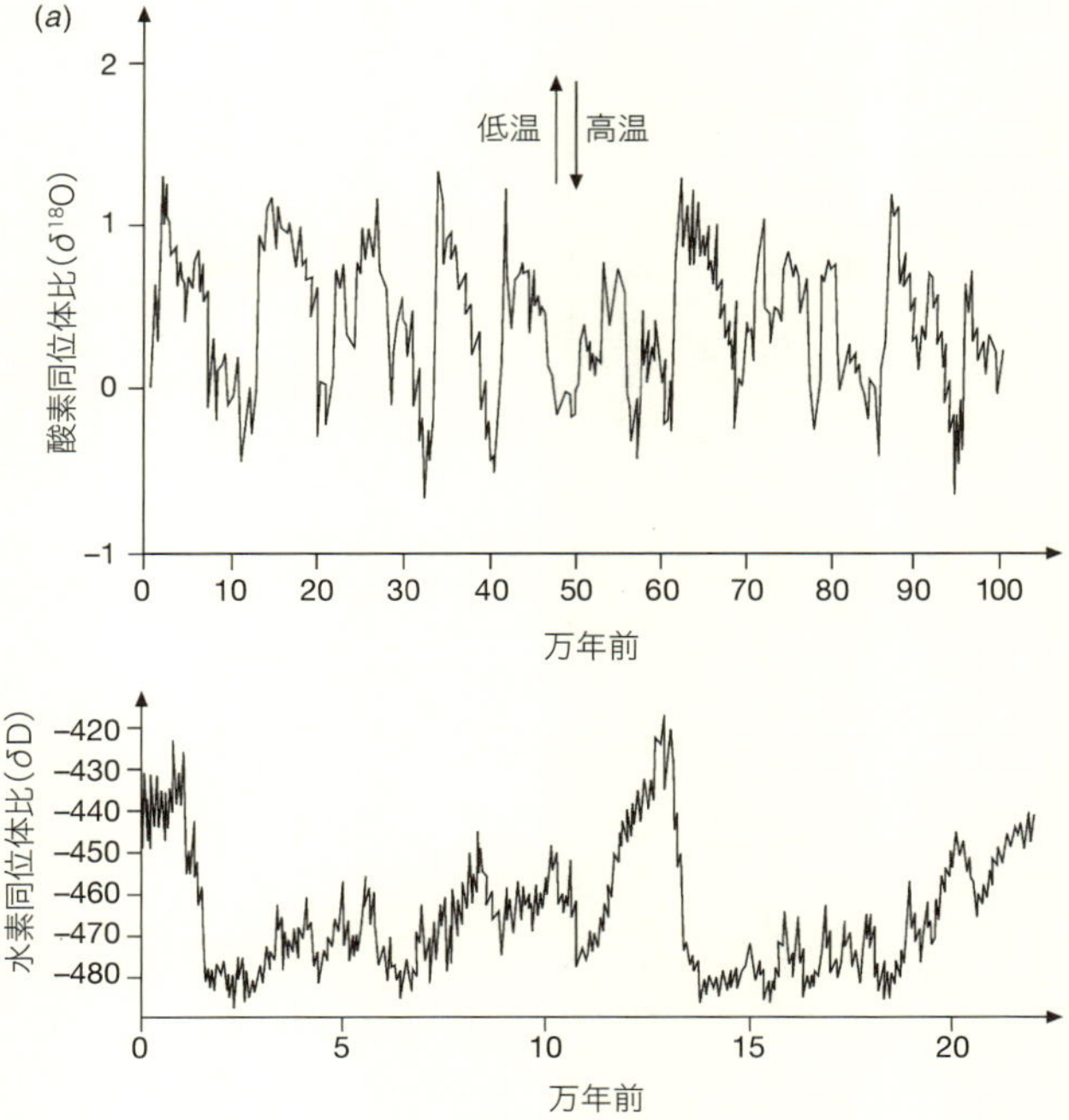

図 15 (a)　赤道域東部太平洋の深海堆積物の酸素同位体比から推定された過去 100 万年間の気候変動．縦軸の “δ^{18}O” は酸素 -18 の相対的な多さを表す．
(b)　南極ヴォストーク基地の氷床の水素同位体比から推定された過去 22 万年間の気候変動．縦軸の “δD” は重水素の相対的な多さを表し，上方ほど温度が高い．

ました。だから氷床の水分子を調べると、数十万年に及ぶ気候史がわかってきます。

氷床の酸素同位体比が語るのは、おもに雪を降らせた雲の温度です。水蒸気が水や氷に凝縮するのは、蒸発と逆の変化ですね。だから「軽い水」と「重い水」のふるまいも逆になり、重い水のほうが少しだけ凝縮しやすい。雪はまず海に降り、雲が風に乗って南極上空に届いたとき、南極に降る。つまり南極には、「遅れて凝縮した雪」が多いため、軽い酸素-16がやや多くなる。雪が含む酸素-18と16の量は、氷床上空の温度が低いほど、差が開きます。そういうことに注目し、氷床の酸素同位体比を測れば、過去の気温が推定できるのです。

南極では、ロシアのヴォストーク基地などで氷の柱＝氷床コアが採取されています。酸素同位体比を測った結果は、遠く離れたグリーンランド氷床コアの結果とも合うものでした。

氷床コアの場合、酸素原子のほか、水分子をつくる水素原子（HとD）の量比から気温を推定する方法もあります（図15(b)）[7]。

古気候の再現には、深海堆積物よりも氷床のほうが適します。堆積物だと、海底に棲《す》む生物が表層をかき混ぜ、同位体の鉛直分布を乱してしまう。かたや氷床に降る雪は、氷になるとき乱されにくい。だから氷床コアは、こまかい気温変動まで教えるのです。氷床コアのデータから、気温が激変した時期があるとわかりました。とりわけ大西洋北部の北極圏は、わずか数十年のうち、暖期から寒冷期に変わっています（ヤンガー・ドリアス期）。ミランコビッチ・サイクルだけでは理解できないため、海流変動を引き金にした気温変動なのでしょう。

極地の氷は、太古の空気を閉じこめています。泡の空気を分析すれば、二酸化炭素やメタンなど温室効果ガスの量がわかる。分析の結果、温室効果ガスの濃度は、気温と連動していました。こまかくみると、まず気温が変わり、その結果として濃度が変わっているため、「温室効果ガスによる温暖化」ではありませんが。

命を守る同位体

1913年、ラザフォードと放射性同位体を調べていたハンガリー人ヘヴェシ（65ページ）に、ひらめきが訪れました。放射性物質は、ふつうの化学分析だと「見えない」微量でも、ガイガー計数管を使えば原子1個1個がつかまる。すると放射性同位体は、物質の動きを追いかける「トレーサー」になる？ 化学的性質は「ふつうの原子」と同じでも、出す放射線で居場所を教えてくれそうだ……。

体の画像化 ヘヴェシは悟ります。トレーサーを使えば、人体の中で物質がどう動くかをつかめるぞ。α粒子やβ粒子は組織に吸収されるけれど、厚み1mのコンクリートも通るγ線なら、体外に出てくるだろう。当時、どんな元素の放射性同位体もつくれるとジョリオ＝キュリー夫妻が実証し、γ線を出すトレーサー候補もいくつかできていました。

たとえば、天然のリン（リン-31）に高エネルギー粒子をぶつけると、半減期14・8日のリン-32になります。体はリン-32を含むリン酸イオンをとりこみ、筋肉や肝臓、骨、歯の組織をつくるはず。ヘヴェシが調べてみると、組織それぞれは特有のリン化合物をとりこみました。ある化合物は肝臓に濃縮されやすい、といったふうに。質量分析を使えば、安定な同位体もトレーサーになります。ヘヴェシの実験によると、重水を飲んだとき、重水素原子（ジュウテリウム）が尿に出るまでの時間は26分でした。

生物学や医学に新風を吹きこんだヘヴェシの成果は、1943年のノーベル化学賞に輝きます。放射性物質には近寄りたくない、というのがふつうの感覚ですが[*6]、16世紀の錬金術師パラケルスス（第1章）が言ったとおり、「毒と薬は量しだい」なのです。トレーサーに使う量の放射性同位体なら、健康リスクなどありえません。

天然にまれな元素の同位体テクネチウム-99mは、心臓や脳、肺、脾臓の画像化に使えます。記号「m」は、中性子を吸ったモリブデンの壊変で生まれるテクネチウム同位体が準安定（meta-stable）、つまり寿命が短いという意味。テクネチウム-99mは2個のγ線を出し、半減期ほぼ6時間で安定なテクネチウム-99に変わります。原子番号も質量数も同じまま、余分なエネルギーを捨てるだけの壊変です。

テクネチウム-99mを含む化合物を検出すれば、化合物の分布を画像化できます。2個のγ

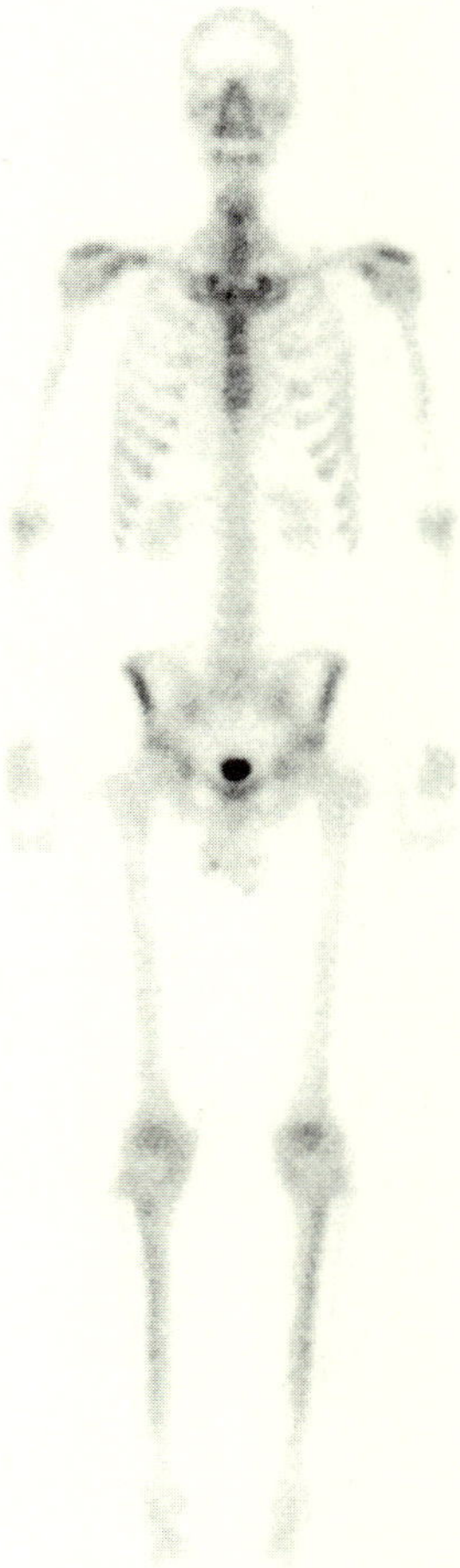

図 16　血中に入れたテクネチウム-99m の観測から得た全身画像.

線はそれぞれ別方向に出るため、両方の交点から原子の居場所を特定し、臓器の立体画像をつくる（図16）。特定の臓器に集まるテクネチウム化合物あれこれが合成されてきました。体内に入れたテクネチウムはそのまま尿に出るため、まずリスクはありません。

ただしテクネチウム-99mは、高価なのが泣きどころです。安価なトレーサーには、γ線を出すヨウ素-131があります。とはいえヨウ素-131には、組織を傷めるβ粒子も出すという欠点もありますが。

臓器の立体画像は、陽電子放出断層撮影（PET：positron emission tomography）という方法でもつくれます。陽電子の出る壊変（113ページ）を利用し、陽電子が体内の電子とぶつかって消滅するときに出るγ線で画像をつくる方法です。

中性子の少なすぎる同位体は、「陽子→中性子＋陽電子」の核反応で安定化します。その代表例が、原子炉でつくれる短寿命の炭素-11やフッ素-18。PETでは、そんな同位体の化合物を投与し、体を輪切りにするようにγ線を計測しながら、立体画像をつくります。PETはとりわけ脳の画像化にぴったりです。

放射線治療と食品の殺菌

放射能は、悪い作用をするだけではありません。がん治療では、増殖するだけのがん細胞を殺したい。がん細胞の場所だけに放射性同位体を置けば、放射能のパワーを「いい方向」に使えます。安定なコバルト-59に中性子をぶつけてできる半減期

5・3年のコバルト-60が、がんの治療に使われてきました。

コバルト-60は、β粒子1個とγ線2個を出してニッケル-60に変わります。そのγ線に仕事をさせるのです。組織を通り抜けるγ線は、細胞内の原子にぶつかると電子をたたき出し、活性な「フリーラジカル」をつくる。フリーラジカルを引き金とする連鎖反応が、がん細胞を殺してくれる。むろん健康な組織も傷めるため、がんの放射線療法は最後の手段に使います。

体内でがん細胞だけにとりつき、悪玉だけをやっつける「魔法の弾丸」になるような化合物の開発が、将来の夢だといえましょう。

コバルト-60のγ線は、食品の殺菌にも活躍します。フリーラジカルはできたとしてもごく微量だから、防腐剤（食品添加物）を使うよりずっと安全です。また、放射能が食品に「うつる」こともありません。そんな事実をきちんとつかむ人が増えれば、放射線処理した食品をむやみにこわがる消費者も減っていくでしょう。

さまざまな役に立つ放射性同位体も、そのほとんどは、周期表の「番外」となる原子たちです。たとえば周期表に書いてある原子量は、安定同位体の相対質量を平均したものでした（ウラン-238やカリウム-40など、超長寿命の放射性同位体も「実質的に安定」とみます）。元素のことを考えるときは、周期表の背後に広がる豊かな同位体の世界、いわば「ボーナス原子たち」の世界も忘れないようにしましょう。

＊1　「ぴったり整数倍」ではない（第5章）。精密に測ると通常、整数倍より1％ほど小さく、その「質量欠損」が核子の結合エネルギーになる（112ページ）。

＊2　重水素と三重水素だけは、同位体を特別な文字DとTで書く。

＊3　同位体効果は複雑で、波の性質を示すH原子が「トンネル効果」を起こしやすい——という量子力学の説明になる。量子力学的効果は、小さくて軽いH原子だからこそ明確に現れる（ほかの元素では観測しにくい）。

＊4　1906年にはラザフォードが、ウランのα壊変が生むヘリウムに注目してウラン鉱石の年齢を見積もった。ヘリウム／ウラン比と、ヘリウムの生成速度（＝ウランの壊変速度）から、鉱石の年齢を4億4400万年と推定。当時まだ同位体の存在は知られていない。

＊5　当初、堆積物の酸素同位体比は海水温を反映すると思われた。水分子の酸素原子が炭酸カルシウムに組みこまれるとき、酸素-16と18の組みこまれやすさが温度で変わればそうなる。だが1960〜70年代の研究で、堆積物の酸素同位体比は、おもに地球全体の氷の量を反映すると結論された。

＊6　昔はそうでもなかった。20世紀の初頭、キュリー夫人の命を奪うラジウムは「万能薬」として市販され、『ネイチャー』誌がこんな趣旨の警告記事を載せている。「ラジウムに治療効果があるという風評にだまされてはいけない」

第7章
暮らしを支える元素たち

最後の章になりました。以下、暮らしや産業に役立つ元素を紹介しましょう。どんな元素も役に立つのですが、紙幅の都合上、鉄、ケイ素、パラジウム、貴ガス、レアアース（希土類）だけを眺めます。わずかな例からでも、元素世界の多彩さと豊かさ、そして暮らしと元素の深いかかわりを感じとれるでしょう。

鉄——戦いの元素

文明の盛衰には、戦争がつきものでした。戦争とくれば武器ですね。鉄の武器を初めて使い、他部族を次々に征服したのは、紀元前１６００年ごろのアナトリア（現トルコ）に興り、紀元前１２００年ごろに滅んだヒッタイト族だといわれます。アッシリア（現イラク北部）の人びとは紀元前9世紀ごろ製鉄法に習熟し、それから数世紀間、やはり周辺の諸部族を制圧下におきました。

ユリウス・カエサル（紀元前100〜44）以後のローマも、帝国の内外からあまねく鉄を調達し、切れ味のいい剣と輝く鎧《よろい》をつくりました。硬い鋼《はがね》＝スチールだから、軟らかい鉄剣しかないガリア（現フランス）の部族は、文字どおり「太刀打ち」できません。ローマ帝国のころ最高性能の鋼はインド南部でつくられ、それをローマはアビシニア（現エチオピア）経由で輸入しています。

身近な鉄材は、ただの鉄ではなく、鉄と炭素の合金＝鋼です。もうヒッタイトの時代から、鉄鉱石を炭火で強熱するとき、炭素が少し鉄に溶け、強い鋼ができるとわかったのでしょう。熱した鋼を冷水に突っこむ「焼き入れ」で、強度はさらに上がります。昔の鍛冶師《かじし》は、そういうことを経験的に知っていたのです。

ヒッタイトから3000年以上も経た1774年になって、スウェーデンの冶金学者トルビョルン・ベリマン（1735〜84）が、鋼の炭素量と硬さの関係に気づきます。炭素量の調節はしばらく難問だったところ、硬さのそろう製法を英国の技術者ヘンリー・ベッセマー（1813〜98）が発明した1850年代以降、鉄鋼は建設・建築の分野を一新しました。21世紀の初め、世界の鉄鋼市場は40兆円もの規模です。

鉄に混ぜるのは、炭素だけではありません。おなじみのステンレスは10％以上のクロムを含むし、窒素やリン、硫黄、ケイ素、ニッケル、マンガン、バナジウム、アルミニウム、チタン、ニオブ、モリブデンを加えたステンレス類もあります。成分をこまかく調節し、望みの性質や機能をもつ合金にするのです。

つまり、祖先が使ったのも、いま私たちが使うのも、鉄（iron）ではなく鋼（steel）だとわかりますね。だから、「鉄器時代（Iron Age）」という呼び名がすでにまちがっています（なお、鉄は「鉄器時代」の前から使われていました）*1。また、米国の平原を疾走した「鉄の馬（iron horse ＝蒸気機関車）を「鉄拳」（iron fist ＝支配力）とよぶのも、チャールズ一世の王党派軍を敗走させたオリヴァー・クロムウェル（1599～1658）の「鉄騎隊」（Ironsides）も、ドイツが軍功ある兵士に授けた「鉄十字章」（Iron Cross）も、冷戦中の東西を分けた「鉄のカーテン」（Iron Curtain）も、実体はみな「鋼」でした。

灰色に輝いて強い鉄は、赤っぽくて展延性の高い銅や、軟らかい金などとは一線を画す元素だといえましょう。火星（Mars）のもとになったローマ神話の軍神マルスを先祖が「鉄」と連想した事実（第1章）も、鉄の性質が武器にぴったりだったからです。

ケイ素——IT時代の立役者

第二次世界大戦の前後をくっきりと分ける——そんな元素がひとつあります。見た目はさえない灰黒色の固体、ケイ素（シリコン）です。地殻中の量が酸素に次ぐ第2位だから、地球上のどこにでもある元素。たいていの岩は、ケイ素と酸素が結びついた「ケイ酸塩」の結晶を含みます。また、ケイ素と酸素だけの二酸化ケイ素（シリカ）という化合物は、石英＝水晶や白砂をつくっています。

200万年前のものがアフリカで見つかる石器は、天然のケイ素化合物を使う最古の技術だといえましょう。次に新しいのがガラスです。遅くとも紀元前2500年ごろ、メソポタミアの人びとが、砂とソーダ（現在名・炭酸ナトリウム）を炉の中で融かすと、緑っぽくて半透明の固体、つまりガラスができるのに気づきます。別の鉱物を混ぜたらきれいな色がつき、豪華な容器や装飾品もできました。

鉄系の不純物がつける緑色を消し、透明なガラスをつくれるようになったのは中世のこと。透明ガラスに着色し、輝き立つ光の絵で聖書の物語を伝えるステンドグラスは、教会に集う人びとにとって、いまの映画と同じほど魅惑たっぷりだったでしょう。また、研磨してできるレンズは、ガリレオと同時代人に天体を見させ、それまでは聖なる場所だった天上世界を地上に引き下ろします。大宇宙の中で私たちはどんな場所にいるのか——その見かたをガラスが一変させたのです。

シリカは長らく「元素」と思われ、ラヴォアジエも33元素のひとつにしました（第2章）。ケイ素と酸素を切り離すのがむずかしかったからです。デーヴィー（第4章）は、シリカが元素ではないと感じていました。

半導体　ようやく1824年、ベルセリウス（第4章）がシリカから酸素を切り離し、アモルファスのシリコンをつくります。アモルファスとは、結晶とはちがって、原子の並びが不規則な固体をいい、じつはガラスもアモルファスです。初の結晶シリコンは1854年、フランスの化学者アンリ・ドヴィーユ（1818〜81）がつくりました。

でも結晶シリコンが脚光を浴びるのは、だいぶあとのこと。周期表上で金属と非金属をつなぐ「どっちつかず」の場所にいるケイ素は、電気を少しだけ通す「半導体」です。ただし「半導体」を、「役に立たない半端な導体」だと思ってはいけません。

金属が電気を通すのは、原子を離れた電子（自由電子）が、文字どおり自由に動けるからです。温度を上げたとき、自由電子の数は増えないのに、激しくなる原子振動が電子の動きを邪魔するため、導電性は落ちていきます。

それにひきかえ半導体だと、金属に比べ何桁も少ない自由電子を生み出すのは熱エネルギーだから、高温ほど導電性が高まるのです。

半導体の特徴はもうひとつあります。別の元素を少し混ぜるだけで、導電性が何桁も増えたり減ったりするところです。自由電子が半導体より何桁も多い金属なら、ほかの元素を少し混ぜても、コップ1杯の水を大河に注ぐか、大河から汲むようなものなので、導電性はほとんど変わりません。

たとえば、ケイ素Siにヒ素Asを少し混ぜる。ヒ素の原子は、ケイ素より1個だけ多い電子を最外殻《かく》にもっています。だからヒ素をケイ素に混ぜる（ドープする）と、ヒ素原子1個あたり電子が1個、ケイ素のなかに増えますね。

最外殻電子が1個だけ少ないホウ素Bをドープすれば、電子が1個だけ減る。じつはそのとき、結晶内に電子の抜け穴（プラス電荷の「正孔」）が1個でき、その正孔が、自由電子と同じように（ただし逆向きに）動けるのです。つまりケイ素は、ヒ素をドープすると、負(negative)電荷の電子が電流を運ぶn型半導体になる。かたやホウ素をドープすると、正(positive)電荷の正孔が電流を運ぶp型半導体になるのです。

ダイオードとトランジスター　n型とp型のケイ素を貼り合わせた「p‐n接合」にすれば、電流を一方向に流す素子＝ダイオードができます。初期のラジオにつかったダイオードは真空管でしたが、ケイ素のダイオードは、はるかに小さいものがつくれるうえ、固体だから信頼性も抜群です。

もうひとつの素子がトランジスター。n型とp型をうまく組み合わせ、かけた電圧で電流が自在に変わり、信号のオン・オフ（スイッチング）や増幅ができる素子です。ダイオードとトランジスターをつなげたＩＣ（集積回路）は、足したり引いたりの「演算」もできます。おびただしい数のＩＣをつなげたものが、マイクロチップやコンピュータにほかなりません。

初の固体トランジスター（図17(a)）は１９４７年、米国ベル研究所のウィリアム・ショックレー（１９１０〜８９）、ウォルター・ブラッテン（１９０２〜８７）、ジョン・バーディーン（１９０８〜９１）の3名が、ケイ素と同族のゲルマニウムでつくりました（１９５６年ノーベル物理学賞）。いかにも試作品といった雰囲気ですね。サイズがほぼ同じ昨今のＩＣ（図17(b)）は、トランジスターやダイオードが何百万個も載っています。

ＩＣをつくるには、欠陥（格子の乱れ）がない超高純度の結晶ケイ素が必要です。製法は、１９４０年代に完成しました。溶融物をゆっくり引き上げ、できた棒状結晶をスライスした板（ウェハー）の上に、集積回路を加工します。１９７０年代には、多結晶ケイ素（ポリシリコン）ができました。欠陥の多い多結晶も、太陽電池には使えます。光を吸収すると生じる電子と正孔が、それぞれ別の電極に向かい、電流が生じるデバイスです。

以上はおもに単体ケイ素の話でした。化合物にも、役に立つものがたくさんあります。硬くてたいへん丈夫な炭化ケイ素（カーボランダム）や窒化ケイ素は、切削工具や研磨材、耐熱材

(a)

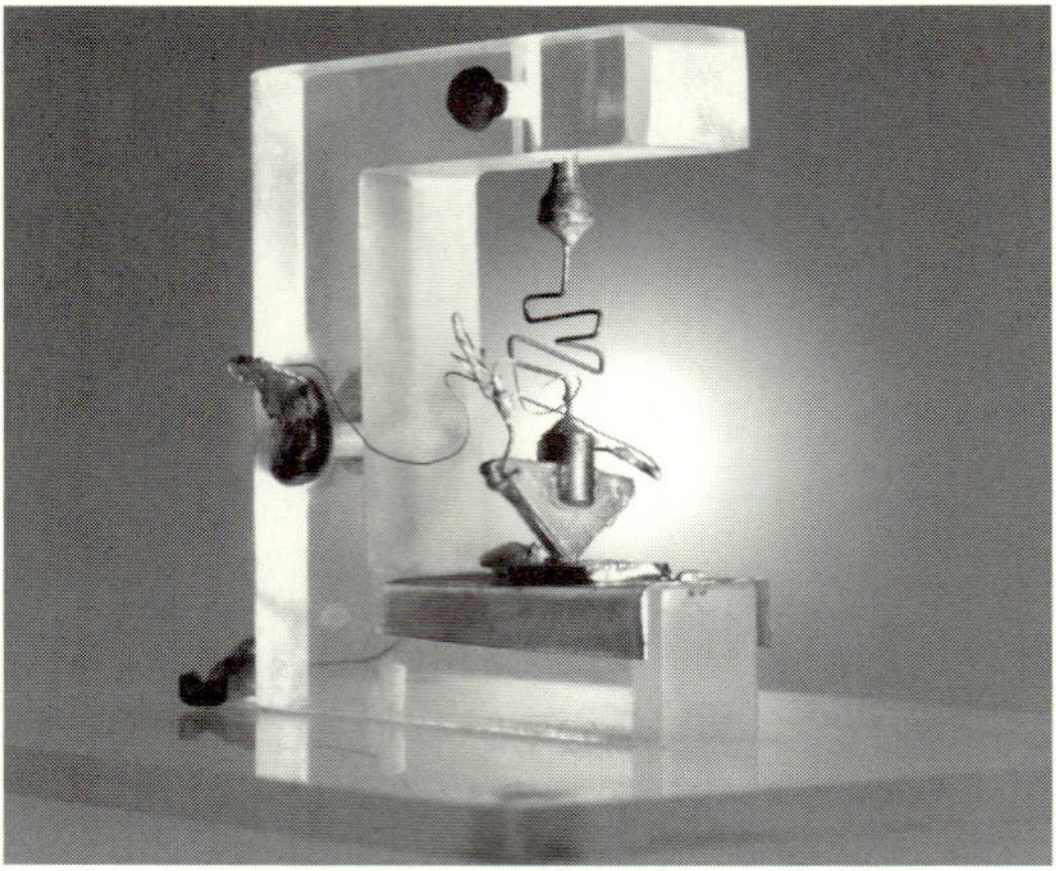

(b)

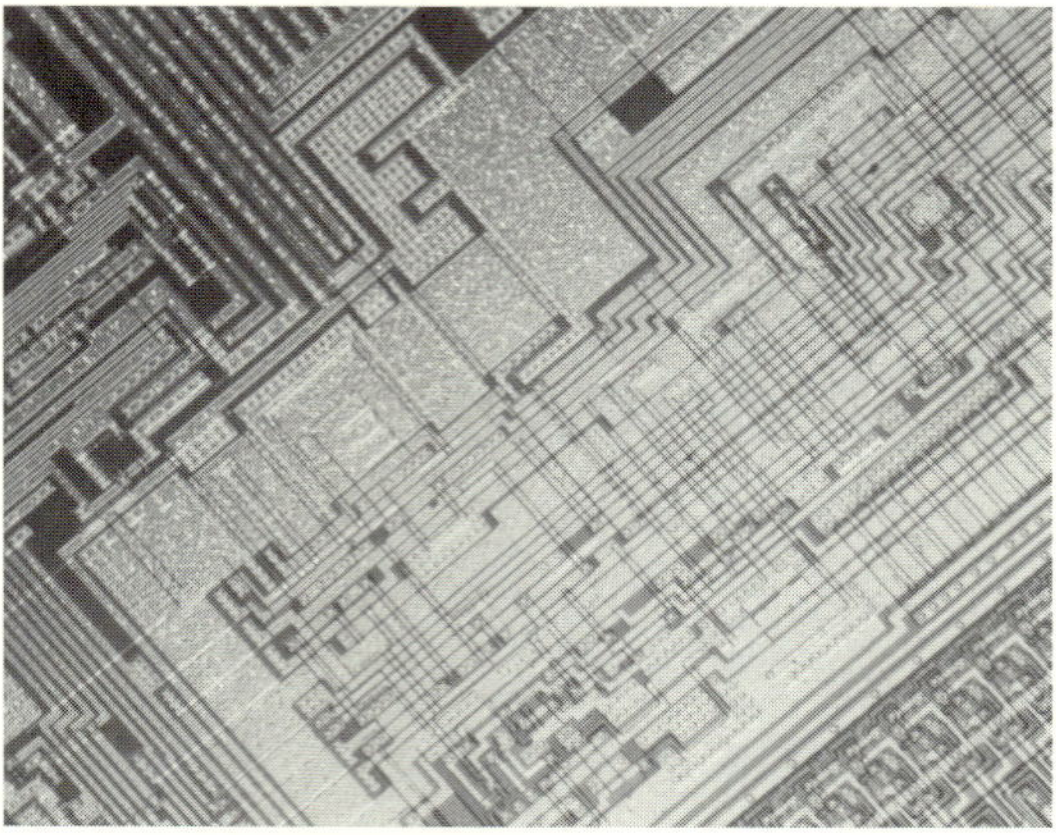

図 17 (a) 1947 年に発明された“点接触型”トランジスター.
(b) ケイ素（シリコン）チップに無数の素子を並べた集積回路（IC）.

料などに使われてきました。

シリコーンの光と影

ケイ素と酸素の化合物をいくつもつなげ、長い鎖（高分子）にしたものがシリコーン（silicone）です（紛らわしいのですが、単体はシリコン silicon）。プラスチックや合成繊維にする炭素系の高分子と同様、シリコーンにも広い用途があります。

ふつうシリコーンは粘性の油で、おもな用途は、潤滑剤や塗料の結合剤、化粧品、ヘアコンディショナーなど。長い鎖を橋架けすると、ゴムのような樹脂になります。毒性がなくて水をはじくシリコーンゴムは、台所や風呂場の理想的なシール材。燃えないから消防服にもぴったりです。1969年には、シリコーン製ブーツを履いたニール・アームストロング（1930～2012）が「ひとりの人間にとっては小さな一歩でも、人類にとっては大きな一歩」を月面に踏み出し、シリコーンが注目を集めました。

かつて豊胸手術では、シリコーン油を入れたシリコーンゴムの袋を埋めこみました。しかし1990年代の初め、漏れたシリコーン油で障害を受けたと主張する女性たちが、メーカーのダウ・コーニング社を相手に集団訴訟を起こします。ダウが数千億円の賠償を命じられ、シリコーンの評判はいっときガタ落ちになりました。「病気」の真相は闇の中ですが、米国は1992年、シリコーンを使う豊胸手術を一時禁止にしています。

パラジウム——空気をきれいに

1803年にパラジウムを発見・命名した英国の化学者ウィリアム・ウォラストン（1766〜1828）は、製法を秘密にしたまま、金の6倍の値段で「新種の銀」を売ろうとします。しかし誰も乗ってこないため、仕方なく手持ちのパラジウムをまるごと、製法・性質のデータもつけて王立協会に寄付しました。

パラジウムの見た目は銀そのもの。宝飾品にたやすく加工でき、銀なら起こす黒ずみもない。周期表上で真下にある白金[*2]とそっくりな元素です。

白金族と触媒

周期表のほぼ中央、第5・6周期、8〜10族の6元素（ルテニウム、ロジウム、パラジウム、オスミウム、イリジウム、白金）を、白金族元素といいます。18世紀の終わりからウォラストンとスミソン・テナント[*3]（1761〜1815）が、そのほぼ全部をブラジル産の鉱石中に見つけました。ウォラストンがロジウムとパラジウムを、テナントがオスミウムとイリジウムを分離。パラジウムの命名には、次のいきさつがあります。

ウランを見つけたドイツのクラプロート（第5章）は1789年、天文学者のウィリアム・ハーシェル（1738〜1822）が1781年に発見した天王星＝ウラヌスからウランと命名していました。そこでウォラストンは、1802年発見の小惑星パラス（太陽系で最大の小惑星）からパラジウムと命名したのです。

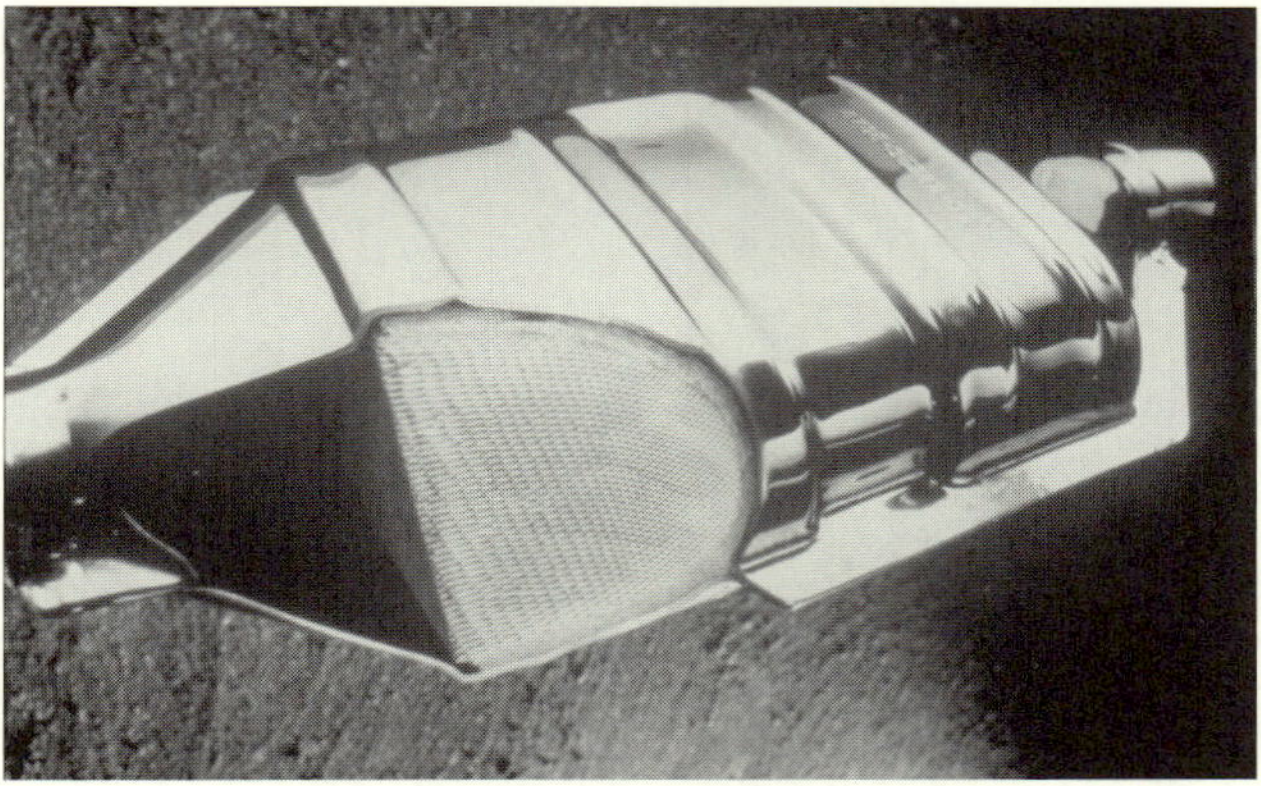

図 18　排ガスをきれいにする触媒コンバーター.

1980年代の初め、パラジウムの大きな用途ができました。化学反応を促す触媒です。酸素O_2も一酸化炭素COも、白金族の表面にやってくると、バラバラの原子になって「吸着」します。そんな吸着原子が表面の原子から原子へと飛び移りながら、気体分子の原子に出合い、新しい結合をつくるから、白金族は触媒になるのです[*4]。

白金もパラジウムもロジウムも、車の排ガスに出る有害な気体を、無害な気体に変えてくれます。猛毒のCOは無害な二酸化炭素CO_2になり、未燃焼の炭化水素は金属の表面で「燃える」。光化学スモッグを生む窒素酸化物はCOと反応し、二酸化炭素と窒素N_2になる。排ガスの出口につけた「触媒コンバーター」が、大気汚染を防ぐのです。

触媒コンバーターは、COと炭化水素の排出を

90％も減らせます。初めは白金だったところ、最近の主流はパラジウムです（図18）。

いま、ニッケルや亜鉛、銅の精錬の副産物として得るパラジウムは、約60％を触媒コンバーターに使います。残りは電子部品や宝飾品。宝飾品の場合は、ウォラストンが売りそこねた「黒ずまない銀」の面目躍如《めんもくやくじょ》だといえましょう。

幻だった「核融合」　パラジウムは１９８９年に一瞬だけ、世の話題をさらいました。米国ユタ大学の化学者マーティン・フライシュマン（１９２７〜２０１２）とスタンリー・ポンズ（１９４３〜）が3月23日、パラジウム電極を使う重水の電解で「重水素→ヘリウム」の核融合が起き、莫大なエネルギーも出た……と記者発表したのです（常温核融合＝コールド・フュージョン）。

じつは前にも似た話がありました。ドイツの科学者フリッツ・パネート（１８８７〜１９５８）とクルト・ペータースが１９２０年代、パラジウム内で水素がヘリウムに変わると発表。ただし当時の関心はエネルギーではなく、ヘリウムの製造でした。水素を詰めた軍用飛行船が爆発しやすかったからです（１９３７年には飛行船ヒンデンブルク号の爆発事故が起き、ヘリウムの需要が急増）。

パラジウムは体積比で９００倍もの水素を吸収します。固体の中でH_2分子は2個のH原子に分かれ、結晶格子のすき間に入る。そのときパラジウムの体積は10％ほど増え、内部に生まれる超高圧がH原子を融合させるのでは？……とパネートらは期待したのです。実験してみると、ごく微量のヘリウムがつかまりました。

それを耳にしたスウェーデンのジョン・タンベリ（1896〜1968）が、電解法を思いつきます。陰極をパラジウムにして酸性の水溶液を電解すれば、水素イオン（H^+）がH原子になってパラジウム中にぎっしり入るかも……。実験したところ微量のヘリウムが検出できて、1927年に特許を申請しました。

けれど特許は「意味不明」を理由に却下されます。その直後、ヘリウムは核融合の産物ではないとわかりました。大気から容器のガラスに吸収されていた微量のヘリウムが、電極にも混じってきたのです。1930年には大御所のチャドウィックとラザフォード（第4・5章）が、「彼らは勘ちがいしただけだ」と核融合を全否定しました。(1)

二人は、もし1989年3月23日にも生きていたら、フライシュマンとポンズに向けて同じことを言ったでしょう。核融合は超高圧のもとでしか進まず、パラジウム電極の中にできる圧力は、その何桁も小さいのです。

また、フライシュマンとポンズが見たという「過剰エネルギー発生」を再現できた研究者もいません。そもそも過剰エネルギーが本物なら、致死量の中性子も出たはずでした。何かの拍子に濃縮水素が爆発したのでしょう。発表から1年のうち、（まだ残る）信者を除く研究者は

「常温核融合」[2]から足を洗い、いま化学者たちの関心は、パラジウムの触媒能力に移っているというわけですね。

貴ガス――大仕事する「怠け者」

メンデレーエフが1869年に発表した周期表は、「空席」があったほか、ある元素の群（族）がまるまる欠けていました。ほかの元素と化合物をつくらない元素なので、当時なら無理もありません。いま周期表の右端に並ぶ貴ガスです。

ヘリウムとアルゴン

最軽量のヘリウムは1868年、太陽のスペクトル中に見つかりました（77ページ）。素性がまったく不明なので、メンデレーエフは無視しています。地球上にも見つかるのは、ラムゼー（第4章）とモリス・トラヴァーズ（1872〜1961）がウラン鉱石から分けとった1895年のこと。

ラムゼーは1年前に別の貴ガスも見つけていました。大気中に66兆トンもあり、けっして「希」とはいえない気体です。いっさい化学反応をしないので、ギリシャ語 *argos*（怠け者）からアルゴンと名づけました。

アルゴンは空気の0・9％を占めます。18世紀の「空気化学者」でも、注意深い人なら気づく量でした。事実、キャベンディッシュ（第2章）も1785年、空気の約1％を占める成分が、ほかの元素と反応しないことに気づいています。でも彼はそれ以上の追求をしなかったため、１００年以上も忘れ去られていました。

１８９０年代の初め、英国の物理学者レイリー卿（本名ジョン・ストラット。１８４２〜１９１９）が、不思議なことに気づきます。空気から分けた窒素は、アンモニアNH_3が分解してできる窒素よりわずかに重い……。ラムゼーと「２種類の窒素」を調べたところ、「空気の窒素」が不活性な成分を含むとわかりました。分離は難航し、ごく少量しかとれません。[*5] １８９４年にレイリー卿が、「当初とれたのはせいぜい５mL。同じ重さで比べると、あのガスは金の１０００倍も高くついた」と苦労を振り返っています[3]。

そのころできていた「発光スペクトル法」なら、微量でも問題ありません。新元素だと突き止めた二人は１８９４年、アルゴンの発見を発表しました。ヘリウムとアルゴンは、周期表上に新しい族をつくる……とラムゼーは悟ります。

貴ガスの勢ぞろい　続いてラムゼーとトラヴァーズは１８９８年、液体アルゴンが別の貴ガス３種も含むのを確かめました。ネオン（由来はギリシャ語*neos*＝新しい）とクリプトン（*kryptos*＝隠れた）、キセノン（*xenos*＝奇妙な）です。その業績でラムゼーは１９０４年のノーベル化学賞に輝きます（同年、レイリー卿は物理学賞を受賞）。

最重量のラドンは、１９００年にドイツの物理学者フリードリッヒ・ドルン（１８４８〜

1916)が、ラジウムの壊変産物中に見つけました。ラムゼーも1908年、十分な量のラドンをつくって性質を調べています。

いま液化空気から分けとるアルゴンは、世界の年産が75万トン超。怠け者を雇う奇特な経営者はいないでしょうが、じつは不活性なところがアルゴンの強みなのです。大気圧に逆らって空間を保つ、「圧力をもつ真空」がつくれる。電球や蛍光灯に詰めたアルゴンは、内部がどれほど熱くなっても反応しない。最先端の積層ガラスにもアルゴンを使います。二重ガラスのすき間を真空にすれば断熱性が最高でも、ただの真空だと大気圧でつぶれやすい。そこで、空気より熱を伝えにくいアルゴンをすき間に入れ、断熱ガラス窓をつくるのです。

化学反応をほとんどしないアルゴンは、理想の噴射剤でもあります。製鉄では、高炉《こうろ》内で融けた鉄に、アルゴンと酸素の混合ガスを噴射します。炭素分を酸素と反応させ、二酸化炭素に変えて除き、鋼の炭素分を調節するのです。

アルゴンの化合物は、ようやく2000年にできました。(4) 結合がたいへん弱く、氷点下246℃より高い温度で分解してしまう化合物ですが。

レアアース(5)——カラーテレビを彩った元素たち

1839年にランタンを見つけたスウェーデンのカール・モサンデル(1797〜

1858）は、自分はいったい何をしたのかと途方に暮れました。硝酸セリウムだと思う試料から、別の酸化物（土類）が分けとれたのです。命名について相談したベルセリウス（第4章）が、ギリシャ語の*lanthanein*（隠れている）からlanthanum（ランタン）を提案します。

けれどモサンデルは、純粋な元素ではないと思って発表をしばらく控えていました。2年後の1841年、彼の「ランタン」は別の元素も含むとわかり、それをギリシャ語*didumos*（双子）からジジム（didymium）と命名します。

込み入った発見史　話はまだ終わりません。ほかの化学者が分析すると、「ジジム」も純粋な元素ではなく、まだ混合物でした。性質がそっくりなため、化学法では分離できない。ただし、熱した試料の発光スペクトル線から、複数の元素を含むのは明らかでした。

1879年、ガリウムの発見者ボアボードラン（第4章）が、「ジジム」の中にまた別の元素を見つけ、サマリウムと命名します。1年後にスイスのジャン＝シャルル・ド・マリニャック（1817～94）がさらに別の「土類」を見つけ、それをボアボードランが1886年に分けとってガドリニウムと命名しました。5年後の1885年にはオーストリアのカール・アウアー（1858～1929）が、「ジジム」の中に新しい2元素を発見し、ネオジム（新ジジム）、プラセオジム（緑のジジム）と名づけます。では、ランタン系の鉱物は、何種類の「土類」元素を含むのでしょう？

なんと15種類です。総称をレアアース（希土類）といいますが、それは明らかに命名ミスでした。レア（希）でない元素も多いし、そもそも「土類」ではなく金属です。いまの総称はランタノイド。[*6] メンデレーエフ式の周期表には収まらないため、「脚注」にする元素たちです。ランタノイドの分離に苦戦したのは、化学的性質がそっくりだからでした。ランタノイドは、モナザイト（モナズ石）やバストネサイトなどの鉱物に含まれ、中国と米国がおもな産地になります。

カラーテレビとレアアース

1901年、フランスのユジェーヌ＝アナトール・ドマルセー（1852～1903）が、そのころあったサマリウムやガドリニウムの試料にまた別のレアアースを検出し、広い心で「ヨーロッパ」からユウロピウムと命名。ユウロピウムは地殻にいちばん多いレアアースで、スズの2倍もあります。いまユウロピウムを採るおもな理由は、真っ赤と真っ青に光る性質があるからです。

ほかのレアアースと同様、ユウロピウムは＋3価のイオンになり、その状態で外からエネルギーを与えると真っ赤に光る。＋3価のほか＋2価のイオンにもなって、その状態なら真っ青に光ります。きれいな光を出す蛍光体が、ブラウン管式のカラーテレビやモニターにぴったりなのですね。蛍光体とは、電子ビームを当てると光る物質のこと。電子ビームで高エネルギーになった電子が、もとの低エネルギー準位に落ちるとき、色のある可視光を出すのです。

光の3原色（赤・青・緑）を混ぜれば、どんな色もつくれます。[*7] テレビ画面には、3原色を出す蛍光体が塗ってあり、それぞれが光る度合いで、微妙な色も出せる。画面に近寄ってよく見ると、3種類の色が見分けられるでしょう。

蛍光体の出す3原色が「純粋」なら、どんな色もきれいに出せます。昔の蛍光体はそこに問題がありました。たとえば青の純度が悪く、日没が迫る空のロイヤルブルーを忠実に再現できない、など。赤も同様でしたが、1960年代の初めにユウロピウム系の蛍光体が生まれ、鮮やかな赤が出るようになりました。

赤の蛍光体には、バナジン酸イットリウムユウロピウムや、ユウロピウムをドープしたオキシ硫化イットリウムがあります。青の蛍光体の例は、＋2価のユウロピウムをドープしたアルミン酸ストロンチウム。残る緑にかつて使った硫化亜鉛カドミウムは「真緑」が出せず、「緑あふれる自然」の再現に難がありました。いまは緑の蛍光体にも、ランタン、セリウム、テルビウムなどレアアース系の蛍光体を使います。

レアアース系の蛍光体は、カラーテレビのほか、「色のきれいな蛍光灯」にも活躍します。放電のエネルギーをもらった水銀原子が紫外線を出し、その紫外線を吸収した蛍光体が可視光を出す……というのが蛍光灯の原理（蛍光体は管の内面に塗ってある）。赤にユウロピウム・イットリウム系の蛍光体、青に＋2価のユウロピウム化合物を使い、赤・青・緑のバランスを調節すれば、望みの色感をもつ白色光がつくれるのです。

【訳者補足】　原著が出た2002年当時のカラーテレビは、ブラウン管型が主流でした。けれど以後、（蛍光体を使わない）液晶型が伸び、日本は2003年から（世界でも2007年ごろから）液晶が主流。そのため現在、テレビとレアアースの関係は切れようとしています。物質にからむ技術の進歩は、それほどに速いのですね。

レアアースは昨今、ネオジム系の$Nd_2Fe_{14}B$、サマリウム系の$Sm_2(Co, Fe, Cu, Zr)_{17}$など、超強力磁石の素材として脚光を浴びています。ディスクドライブやハイブリッド車のモーターには、軽くて強い磁石が欠かせないからです。また、おもな産地が中国なので、レアアースは昨今、よく政治・外交の話題にもなるのはご存じのとおり。

おわりに

どんな元素も、原子をつくる粒子（陽子・中性子・電子）は共通で、ちがうのはそれぞれの個数だけ。しかしその個数が、性質を激変させます。例として、陽子（電子）が1個ずつ増す15～17番元素を眺めましょう。15番のリンは青白い炎を出して燃える白い固体、16番の硫黄は鮮黄色の固体、17番の塩素は黄緑色をした猛毒の気体です。そんな事実を思うたび、元素世界の不思議さに感動を覚えざるをえません。

むろん元素の多様性は、本章で一部を紹介した実用材料をつくるときにも要点になります。ありふれた食材からみごとな料理をつくる名シェフも、多様性の面で自然界が見せる才には、とても勝てそうにありません。

超重元素の合成はまだ続くにせよ、胸躍る元素発見の時代は終わりました。けれど、元素を組み合わせて材料にする化学者の仕事は終わっていません。じつのところ新材料を求める旅は、終わりのない旅だといえましょう。

＊1　一部の歴史家は鉄器時代の始まりを、滅んだヒッタイトから鍛冶師が各地に移住して製鉄法を広めた紀元前1200年ごろとみる。しかし紀元前2500年より古い鉄製品も出土している。19世紀の考古学者が唱えた「石器時代→青銅器時代→鉄器時代」という歴史区分は、いまや大いに疑わしい。

＊2　[訳注] 白金は、1700年ごろ南米の鉱山開発をしたスペイン人が、「銀 (plata) に劣るもの」という意味でplatinaと命名。そのころ白金の用途はなく、金や銀を採ったあと捨てていたという。

＊3　テナントは、黒鉛もダイヤモンドも炭素の単体だと1797年に確認した人。

＊4　[訳注] やってきた分子が吸着しない金属の表面では、反応も進まない。また、分子と表面原子の結合が強すぎ

ても、表面で原子の「飛び移り」が起きないため、やはり反応は進みにくい。白金族は小さな分子を「ほどほどに強く」吸着するので触媒能が高い。

＊5 ［訳注］そのため当初は「希ガス（rare gas）」とよばれたが、反応性がほとんどない（高貴な存在を思わせる）ところから英語圏では noble gas とよび（１９０２年の造語）、日本語も「貴ガス」に変わりつつある。

＊6 71番ルテチウム以外を「ランタニド」とよんだ時期もあるが、ＩＵＰＡＣはランタン〜ルテチウムの15元素を「ランタノイド」とよぶよう勧告している。

＊7 光の混合（加法混色）と色の混合（減法混色）は原理が別だから、光の3原色と絵の具の3原色（赤・青・黄。正式名「マゼンタ・シアン・イエロー」）はちがう。光は赤＋緑で黄色だが、絵の具の赤＋緑は茶系の濁色。青＋黄なら、光は白（透明）、絵の具は緑になる。

訳者あとがき

いま書店に並ぶ元素の本は、原子番号1の水素から116のリバモリウムまで、多少の濃淡をつけて順々に解説したものが大半です。かたや本書は、ズバリ『元素』という表題ながら、「元素をめぐる文化・文明史」を浮き彫りにするものだといえます。

近代科学が確立する前と後とで、「世界は何からできているのか？」という問いに人間はどう答えてきたのか――それが原著者の設問でした。

皮切りの話題は、17世紀末まで2000年以上も欧州の文化を彩り、人びとの世界観を決めてきたアリストテレスの4元素説。4元素（土・水・空気・火）がそれぞれ固体・液体・気体・熱のことなら（12ページ）、21世紀のいまでさえ、ふつうの人が想う「世界の素材」は四つのままだろう……という指摘は、妙に納得できるものでした。

私たちの「元素感覚」を決めるのは、周期表に並ぶ100余りの元素ではないのです。第2章は昔から人間を魅了してやまない元素＝金の話、そして酸素を主役とする第3章は、まだ「4元素」にとらわれつつも「空気」が元素ではないと実証し、２０００年来の元素観から脱するきっかけをつくったラヴォアジエの業績紹介です。

周期表ができていく歴史（第4章）も、放射能や核分裂の発見と重元素合成が周期表を広げていった歴史（第5章）も、元素と人間・社会とのかかわりを教えます。

第6章では、同位体というものが科学研究や暮らしにどれほど役立っているかを、年代測定や放射線医療を例に、じっくりとわからせてくれます。

おしまいの第7章は、鉄、ケイ素（シリコン）、パラジウム、貴ガス、レアアース（希土類）をとり上げて、歴史や暮らしと元素の深い関係を伝えるものです。

科学技術を含む文明・文化の歩み、つまりは人間史と元素のからみ合いをよく納得させてくれるのが、本書のいちばん大きい功徳でしょうか。

なお、第5章と第7章の一部では、原著が出た２００2年以降の流れを補足しました。超ウラン合成レースの現状は、１２6ページの訳注をご参照ください。

今回もたいへんお世話になった丸善出版の小野栄美子さんにお礼申し上げます。

２０１3年10月

渡辺　正

索　引

か　行

な　行

は　行

ま　行

図の出典

図 1，図 8，図 11，図 13，図 15　© Philip Ball

図 2　Metropolitan Museum of Art, New York Photo © PPS 通信社

図 3，図 4　Georgius Agricola, “De re metallica”, 1556.

図 5　John Dalton, “A New System of Chemical Philosophy”, 1808, Plate 4.

図 6　© Matthew L. Aron, University of Chicago/International Atomic Energy Authority

図 9　*Proceedings of the Royal Society*, 63, 408–411 (1898).

図 10　Edgar Fahs Smith Memorial Collection, University of Pennsylvania Library

図 12　© A. Zschau, GSI

図 14　© 1978 Barrie M. Schwortz Collection, STERA, Inc.

図 16　© Robert Licho, University of Massachusetts Medical Hospital

図 17a　© Bell Laboratories Archive

図 17b　Amanaimages

図 18　Photo：Johnson Matthey

参考文献

P. Atkins, "The Periodic Kingdom : Journey Into the Land of the Chemical Elements (Science Masters)", Weidenfeld & Nicolson, 1995（邦訳：細矢治夫,『元素の王国』, 草思社, 1996年）.

W.H. Brock, "The Fontana History of Chemistry", Fontana, 1992（邦訳：大野誠, 梅田　淳, 菊池好行,『科学史ライブラリー. 化学の歴史Ⅰ・Ⅱ』, 朝倉書店, 2003・2006年）.

C. Cobb, H. Goldwhite, "Creations of Fire" Plenum, 1995.

J. Emsley, "Nature's Building Blocks : An A–Z Guide to the Elements", Oxford University Press, 2001（邦訳：山崎　昶,『元素の百科事典』, 丸善出版, 2003年）.

H.B. Gray, J.D. Simon, W.C. Trogler, "Braving the Elements", University Science Books, 1995（邦訳：井上祥平,『グレイ化学：物質と人間』, 東京化学同人, 1997年）.

B. Jaffe, "Crucibles: The Story of Chemistry, 4th ed.", Dover, 1976.

S.L. Sass, "The Substance of Civilization : Materials and Human History from the Stone Age to the Age of Silicon", Arcade, 1998.

P. Strathern, "Mendeleyev's Dream : The Quest for the Elements", Penguin, 2000（邦訳：稲田あつ子, 友枝裕子, 西川真友美, 本多恵子, 宮本寿代, 山中和代 共訳, 寺西のぶ子 監訳,『メンデレーエフ元素の謎を解く：周期表は宇宙を読み解くアルファベット』, バベルプレス, 2006年）.

引用文献

1 章

（1） G. Bachelard, "The Psychoanalysis of Fire" , Quartet Books, 1987, p. ix.

（2） G. Bachelard, "Water and Dreams", Pegasus Foundation, 1983, p.3.

（3） G. Bachelard, "Water and Dreams", Pegasus Foundation, 1983, p.8.

（4） R. Boyle, "The Sceptical Chymist" , 1661. W.H. Brock, "The Fontana History of Chemistry ", Fontana, 1992, p.57.

（5） R. Boyle, "The Sceptical Chymist", 1661. H. Boynton, ed., "The Beginnings of Modern Science", Walter J. Black Inc., 1948, p.254.

2 章

（1） C. Djerassi, R. Hoffmann, "Oxygen", Wiley–VCH, 2001.

（2） A.L. Lavoisier, "Elements of Chemistry", 1789 ; R. Kerr 訳（1790）. R. Boynton, ed., "The Beginnings of Modern Science", Walter J. Black Inc., 1948, pp.268–269.

（3） A.L. Lavoisier (1785). W.H. Brock, "The Fontana History of Chemistry", Fontana, 1992, pp.111–112.

（4） A.L. Lavoisier (1773). W.H. Brock, "The Fontana History of Chemistry", Fontana, 1992, p.98.

（5） C. Coulston Gillispie, ed., "Dictionary of Scientific Biography", Scribner's, 1976, vol. viii, p.82. C. Cobb, H. Goldwhite, "Creations of Fire", Plenum, 1995, p.161.

（6） A.C. Cameron, K. Horne, A. Penny, D. James, *Nature*, 402, 751 (1999).

3 章

（1） Virgil, "The Aeneid", Book Three, l.55. G. Agricola,"De re

metallica", 1556；H.C. Hoover, L.H. Hoover 訳, Dover Publications, 1950, p.16.
(2) Virgil, "The Aeneid", Book Three, l.10. G. Agricola, "De re metallica", 1556.
(3) Virgil, "The Aeneid", Book Three, l.10.
(4) Pizarro. L.B. Wright, "Gold, Glory, and the Gospel: The Adventurous Lives and Times of the Renaissance Explorers", Atheneum, 1970, p.229.
(5) J. Bronowski, "The Ascent of Man", Book Club Associates, 1973, p.134.
(6) H.C. Hoover, L.H. Hoover, "De re metallica", Dover Publications, 1950, p.279 n. 8.
(7) Pliny, "Natural History", Book xxxiii, p.21.
(8) G. Agricola, "De re metallica", 1556, p.330.
(9) C.W.N. Anderson, R.R. Brooks, R.B. Stewart, R. Simcock, *Nature*, **395**, 553–554 (1998).
(10) Horace, "Satires", Book i, l.73.
(11) G. Agricola, "De re metallica", 1556, p.17. P.L. Bernstein, "The Power of Gold", Wiley, 2000.
(12) P.L. Bernstein, "The Power of Gold", Wiley (2000).
(13) R. Mundell, *Wall Street Journal*, 10 Dec. (1999).
(14) J.C. Cooper, "Chinese Alchemy", Sterling Publishing, 1990, p.66.
(15) F.E. Wagner, *et al.*, *Nature*, **407**, 691–692 (2000).
(16) B. Hammer, J.K. Norskov, *Nature*, **376**, 238–240 (1995).

4 章

(1) W.H. Brock, "The Fontana History of Chemistry", Fontana, 1992, pp.139–140.
(2) W.H. Brock, "The Fontana History of Chemistry", Fontana, 1992, p.139.
(3) G.K.T. Conn, H.D. Turner, "The Evolution of the Nuclear Atom", Iliffe Books, 1965, p.136.
(4) B. Jaffe, "Crucibles: The Story of Chemistry", Dover, 1976, p.151.
(5) P. Strathern, "Mendeleyev's Dream", Penguin, 2000, p.286.

5 章

(1) R. Rhodes, "The Making of the Atom Bomb", Simon & Schuster, 1986.
(2) A.S. Eve, "Rutherford", Macmillan, 1939, p.102.

(3) F. Soddy, "Atomic Transmutation", 1953, p.95.
(4) J. Lemmerich, ed., "Die Geschichte der Entdeckung der Kernspaltung: Austellungskatalog", Universitätsbibliothek, 1988, p.176. R. Lewin Sime, "Lise Meitner: A Life in Physics", University of California Press, 1996, p.235.
(5) C. Weiner, ed., AIP Conference Proceedings No. 7, American Institute of Physics, 1972, p.90.
(6) F. Aston, "Background to Modern Science", eds. by J. Needham and W. Pagel, Macmillan, 1938, p.108.
(7) F. Aston, "Background to Modern Science", eds. by J. Needham and W. Pagel, Macmillan, 1938, p.114.
(8) I. McEwan, "Enduring Love", Vintage, 1998, p.3.
(9) R. Stone, *Science*, **278**, 571 (1997), *Science*, **283**, 474 (1999). G.T. Seaborg, W.D. Loveland, "The New Chemistry", ed. by N. Hall, Cambridge University Press, 2000, p.1.
(10) M. Schädel, *et al.*, *Nature*, **388**, 55 (1997).

6 章

(1) B. Fowler, "Iceman", Random House, 2000.
(2) P. E. Damon, *et al.*, *Nature*, **337**, 611 (1989).
(3) S.A. Wilde, J.W. Valley, W.H. Peck, C.M. Graham, *Nature*, **409**, 175 (2001). S.J. Mojzsis, T.M. Harrison, R.T. Pidgeon, *Nature*, **409**, 178 (2001).
(4) R. Cayrel, *et al.*, *Nature*, **409**, 691 (2001).
(5) J. Imbrie, K.P. Imbrie, "Ice Ages", Harvard University Press, 1986.
(6) N. J. Shackleton, A. Berger, W.R. Peltier, *Trans. Roy. Soc. Edin.: Earth Sci.*, **81**, 251 (1990).
(7) J. Jouzel, *et al.*, *Nature*, **364**, 407 (1993).

7 章

(1) J. Chadwick, C.D. Ellis, E. Rutherford, "Radiation from Radioactive Substances", Cambridge University Press, 1930.
(2) F. Close, "Too Hot To Handle", Princeton University Press, 1991.
(3) B. Jaffe, "Crucibles: The Story of Chemistry", Dover, 1976, p.159.
(4) L. Khriachtchev, M. Pettersson, N. Runeberg, J. Lundell, M. Rasanen, *Nature*, **406**, 874 (2000).
(5) D. Lutz, *Ind. Phys.*, **2/3**, 28 (Sep 1996).

原著者紹介
Philip Ball（フィリップ・ボール）
1962年英国生まれ。オックスフォード大学で学士号（化学），ブリストル大学で博士号（物理学）を取得．『ネイチャー』誌の常設コラム“Chemistry World”主筆．

訳者紹介
渡辺　正（わたなべ・ただし）
1948年鳥取県生まれ．東京理科大学教授（東京大学名誉教授）．工博．専攻は電気化学，環境科学，化学教育など．著訳書は『ティンバーレイク 教養の化学』（共訳，東京化学同人，2013），『「地球温暖化」神話』（丸善出版，2012）ほか約140点．

サイエンス・パレット 011
元素 ―― 文明と文化の支柱

平成25年11月25日　発　行

訳　者　渡　辺　　　正

発行者　池　田　和　博

発行所　丸善出版株式会社
〒101-0051　東京都千代田区神田神保町二丁目17番
編集：電話（03）3512-3263／FAX（03）3512-3272
営業：電話（03）3512-3256／FAX（03）3512-3270
http://pub.maruzen.co.jp/

組版印刷・製本／大日本印刷株式会社

ISBN 978-4-621-08729-9　C0343　　Printed in Japan